竹《ちく》炭《たん》・竹《ちく》酢《さく》液《えき》
つくり方 生かし方

日本竹炭竹酢液生産者協議会 編
杉浦銀治・鳥羽曙・谷田貝光克 監修

創森社

竹炭・竹酢液の価値を発信〜序に代えて〜

「なぜ竹炭をやく気になったのですか」とよく質問される。実際は、竹炭をやくために炭やきになったのではない。本当は木酢を採りたかったのだ。私の住む福井県小浜には竹の廃材がたくさんあったため、竹炭・竹酢液になったのである。当時の私が竹という材料について少しでも知識を持っていたら、多分手を出さなかったであろうと思う。しかしながら、放置竹林という時代背景があったため、きっと別の誰かが手をつけたであろう材料でもあった。

私が炭やきを初めてから19年の時の流れをいくつかに区切ると、１９９０年あたりまでを初期、１９９５年ころまでを混乱期、それ以降を導入期と分けると理解しやすい。また生産方式も、機械的な大量生産方式の竹炭、土窯在来法による工芸的な竹炭炭化法、また機能性を利用しようとする竹炭炭化法の３通りに大別できると思う。

成り行きで竹炭をやいているうちに、「珍しい」ということで売れるようになってきた。そのうちに使い方によってさまざまな効果が知られるようになってきた。しかしこの効果の評価に対しての検証は、10年に満たない竹炭では基礎的なデータの蓄積もなく、その多くは木炭からの援用であった。そのため一

部の評論家やライターなどによる解説（雑誌、書籍）の中に、荒唐無稽な珍説が飛び出したものであった。

このような状況の中から統計的な手法の導入の必要性が起こり、それはまず材料面から始まった。材料にも竹炭にも科学的な知識の導入が必須条件となってきた。１９９７年より各方面との共同研究が始まり、科学の目を通した評価と検証に結びつき、炭化技術の開発と改良、商品開発に着手することになった。１９９６年に日本竹炭竹酢液協会が設立されて活動を続けていたが、特定農薬の指定問題への対応と取り組み方の相違などから、２００３年に日本竹炭竹酢液生産者協議会を発足させた。竹炭・竹酢液の調査研究と社会認知を目的として、当面の活動は竹酢液の特定農薬への指定と竹炭・竹酢液の規格化に焦点を合わせた活動が始まっている。

生産者、学者、研究者、販売に携わる方々の生の声を通して、竹炭・竹酢液の魅力と可能性を追求してもらいたいという企画が持ち上がったとき、多数の関係者が賛意を表して今回の発刊の運びとなった。この場をお借りし、日本竹炭竹酢液生産者協議会のメンバーはもとより、ご寄稿いただいた学者、研究者の方々、竹炭・竹酢液関係者の方々、さらに出版にご協力をいただいた各方面の方々に謝意を表したい。

２００４年９月

日本竹炭竹酢液生産者協議会会長　鳥羽　曙

竹炭・竹酢液　つくり方生かし方

もくじ

第1章 竹炭・竹酢液の特徴と成分、性質

簡易炭化炉

機械窯

大型炭化炉

第6章

竹炭・竹酢液の主な用途と使い方

竹炭・竹酢液の農業への使い方

竹炭・竹酢液は暮らしの新資源

第7章 竹炭・竹酢液の製品開発と有利販売

竹炭の花器を吊す（炭道庵）

●

デザイン———寺田有恒　ビレッジ・ハウス
写真協力———三戸森弘康　三好かやの
野村　淳　樫山信也　広若剛士
竹炭工芸都美　立花バンブー㈱
㈲四国テクノ　㈱強力企画
須藤尚俊　新妻康平　ほか
編集協力———村田　央　福留秀人
校正———山口文子

BAMBOO
CHARCOAL & VINEGAR

竹炭いろいろ

炭化した極太丸竹。縄で結び、アクセントをつける（東京都日野市・高橋哲男さん）

みごとに炭化したモウソウチク（丸竹）を並べる

モウソウチクの枝条を炭化（工房炭俵「福竹」金丸正江さん）

ダンボール箱に詰めた竹炭（割り竹。京都西山竹炭振興組合）

竹炭チップを販売（阿蘇ファームランド「炭ギャラリー」）

短めの竹炭（割り竹）

モウソウチクの粒炭（阿蘇ファームランド「炭ギャラリー」）

竹炭アレンジメント

ぐい呑み

卓上燃料竹炭の華炭

竹炭工芸「都美」

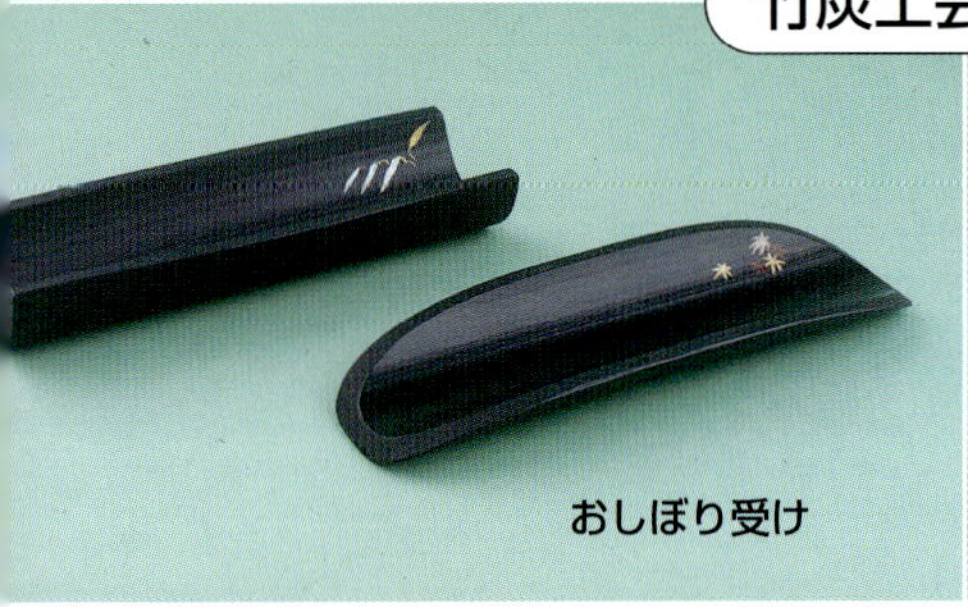
おしぼり受け

楊枝立て

ミニ竹箕

祐乗坊進さん(炭芸家)

松ボックリ入り
竹籠

竹炭入り炭俵

身延竹炭企業組合

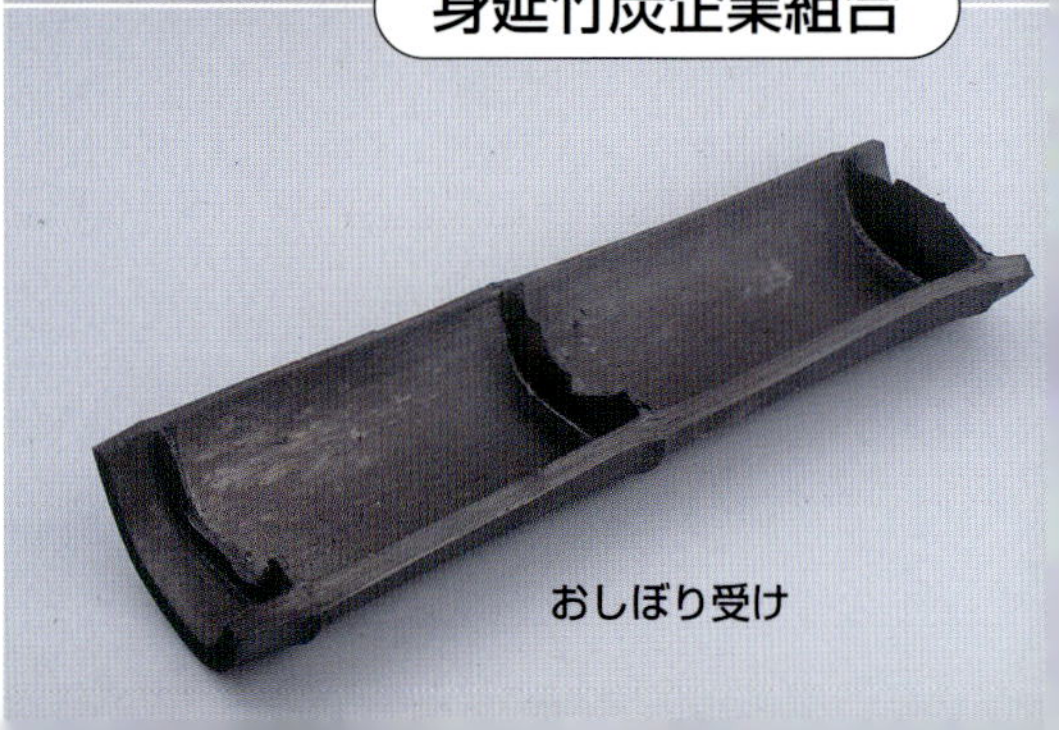
おしぼり受け

BAMBOO
CHARCOAL & VINEGAR

籠入り竹炭（割り竹）

工房炭俵「福竹」

額に埋め込む炭絵。題「網代」

青竹と竹炭のオブジェ

ヤダケを炭化したミニすだれ

竹炭プレートの組みあがり

竹炭の箸置き

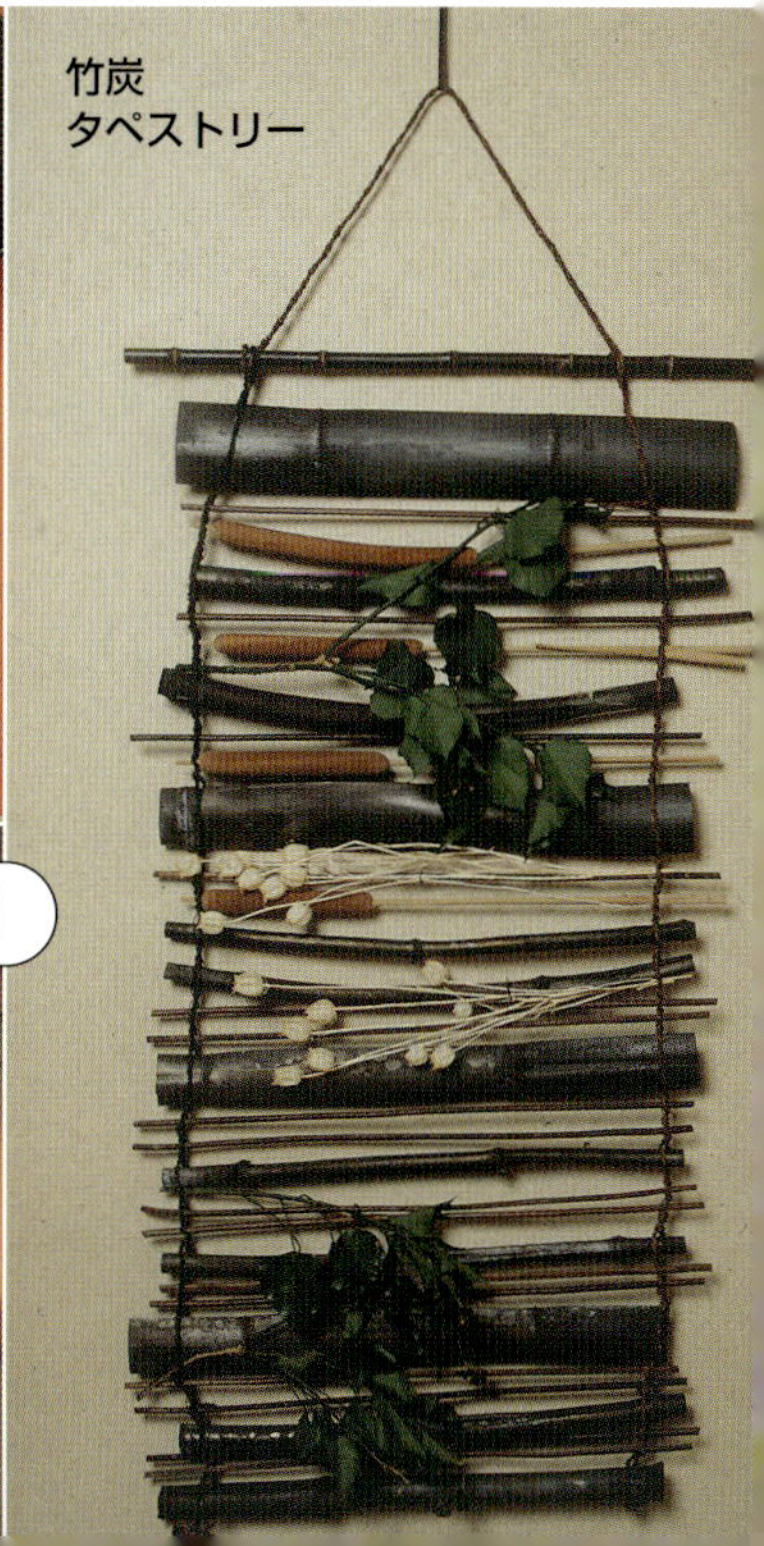

竹炭タペストリー

炭道庵

竹炭の筒形風鈴

BAMBOO
CHARCOAL & VINEGAR

—竹炭・竹酢液をつくる—

炭材として結束した割り竹

炭材（丸竹）を窯内に詰め込む

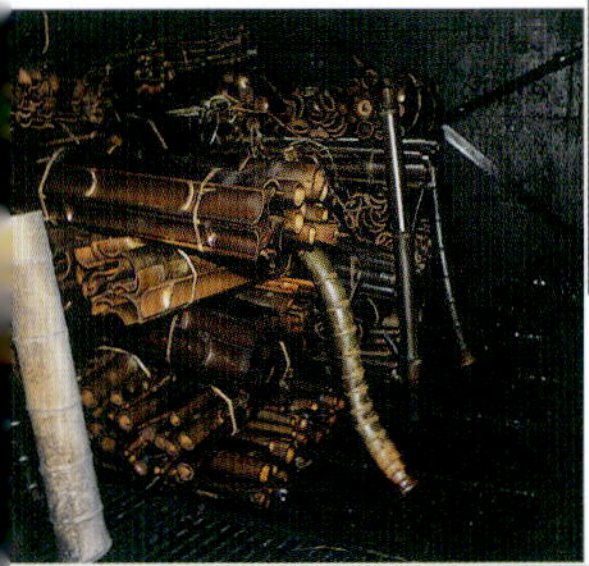

割り竹を燻煙処理

火入れ後、焚き口に薪を投入（東京都八王子市・伊藤了一さん）

木・竹酢液採取用の集煙装置

多くの有効成分を含む竹酢液

竹酢液製品

第 1 章

竹炭・竹酢液の特徴と成分、性質

炭化した丸竹の表面

竹炭の特徴と主な組成・性質

山井宗秀

竹炭とは

竹炭とは、竹・笹などを炭材としてやいた（炭化した）炭の総称である。木炭と同様に、黒炭《くろずみ》ばかりでなく白炭《しろずみ》もある。工業的には乾留炭、竹活性炭などもある。

竹稈《ちくかん》（稈＝中空な茎）を丸ごとやくことは少なく、多くは木材よりも優れた割裂性を生かし、板状に割ってから炭化される。大型炭化炉などでは粉末状、チップ状などに加工してから炭化される。

昨今、竹稈ばかりでなく竹葉《ちくよう》、小枝、地下茎などもアート用、工芸用、装飾用などとして、好んでやかれるようになった。

炭の性質を左右する三要素

炭（竹炭・木炭・燻炭など）の性質は、炭材に依存し、前処理・炭化条件に大きく左右される。

まず炭材である。竹材・木材は樹種や部位により固有の性質があるが、炭化しても巨視的・化学的な特徴は基本的に引き継がれる、といえよう。

たとえば、竹の特徴的な組織である維管束《いかんそく》は、炭化されてもその形状は相似形で引き継がれる。ウバメガシのようにかたくて重い木はかたく重い備長炭に、ミネラルの含有率が高いネマガリダケ（チシマザサ）はミネラル（灰分）に富む竹炭になる、等々である。

前処理に関しては、たとえば調湿・燻煙処理、触媒・温泉水含浸の有無、放射線照射、蒸煮などの如何によっても、炭の性質は大きく左右される。

炭化条件に関しては、たとえば炭窯や炭化炉内の雰囲気、炭化速度、炭化温度、精煉、冷却条件などによっても炭の性質は大きく左右される。

炭材固有の性質を変えることは困難である。前処

モウソウチク炭（丸竹）

窯出ししたばかりの竹炭（割り竹）

炭化したクマザサの枝葉

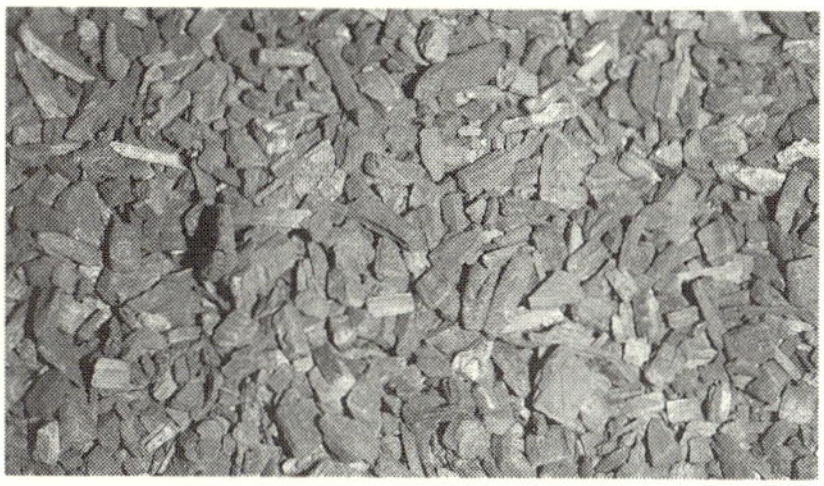
破砕したモウソウチクの粒炭

理や炭化条件は、炭材の如何を問わず任意に設定制御が可能でもあり、それゆえ炭の性質を制御できる。
三要素の組合わせ条件は多種多様であるから「使用目的に合った、より機能的な炭」をやくことも可能である、といえよう。
本節では主として、炭材に由来する炭の性質を比較し、竹炭の特徴を概観することとしたい。

竹炭の外観・巨視的な特徴

各種の竹炭の写真を例示する。竹炭の表面は、ナラ・クヌギ黒炭などのような樹皮のざらざらした状態ではなく、滑らかで鈍い光沢がある。竹炭の横断面（破断面）には維管束が肉眼でも観察され、鈍い金属光沢を呈する。竹炭には、年輪やツバキ白炭などにみられる美しい木目はみられない。

打音は竹炭の硬度、大きさ、吸湿の程度、裂け目、割れなどの有無により異なるが、総じて木炭よりも軽い金属音である、といえよう。

竹炭の顕微鏡写真を例示する。

竹は基本組織（柔組織）の中に維管束が散在する。

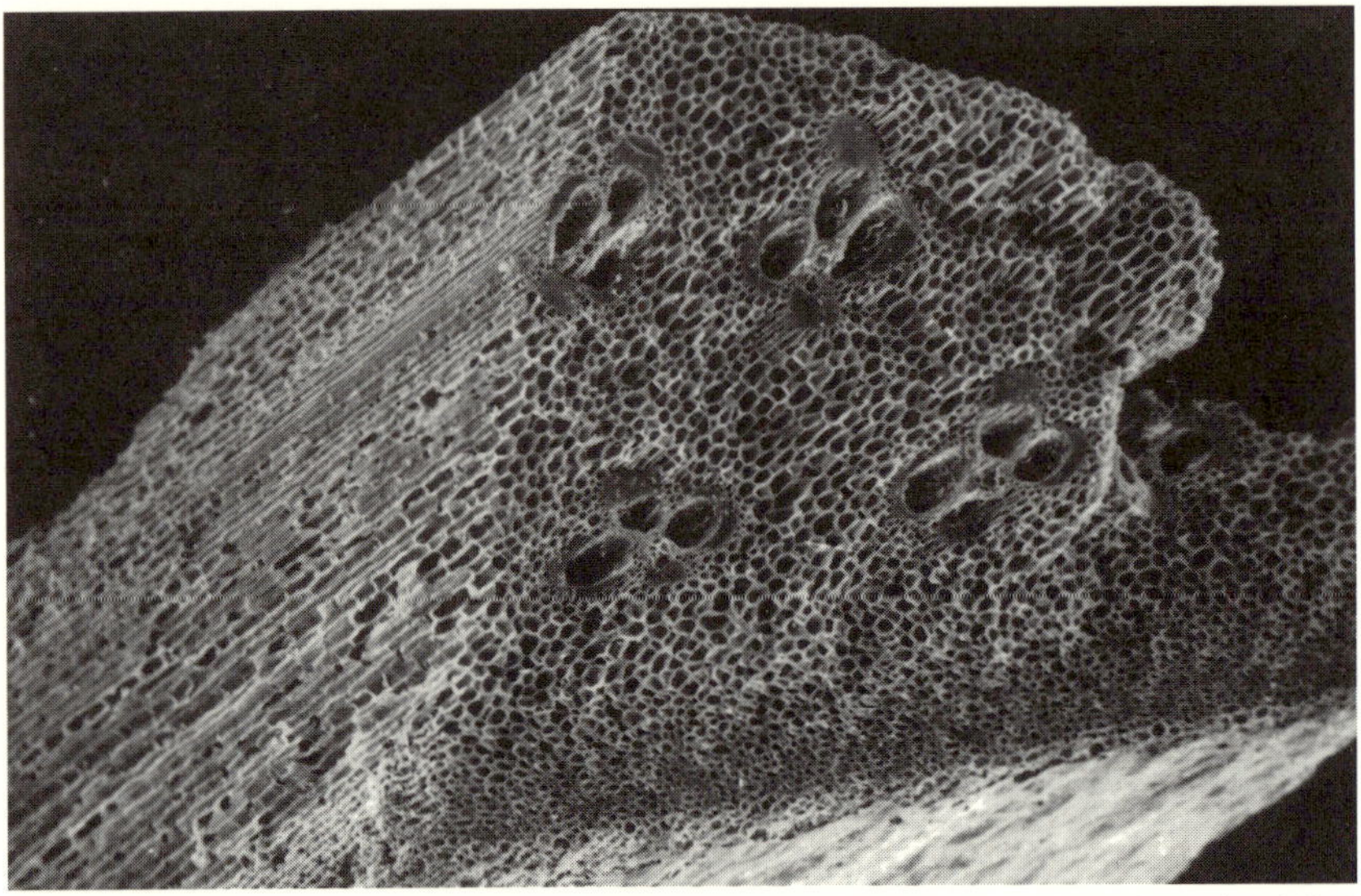

900℃で炭化したモウソウチク炭。ナラ炭・備長炭のような広葉樹炭に比して細胞壁が薄く、全体がポーラスな細孔構造体である(写真提供・細川健次氏)

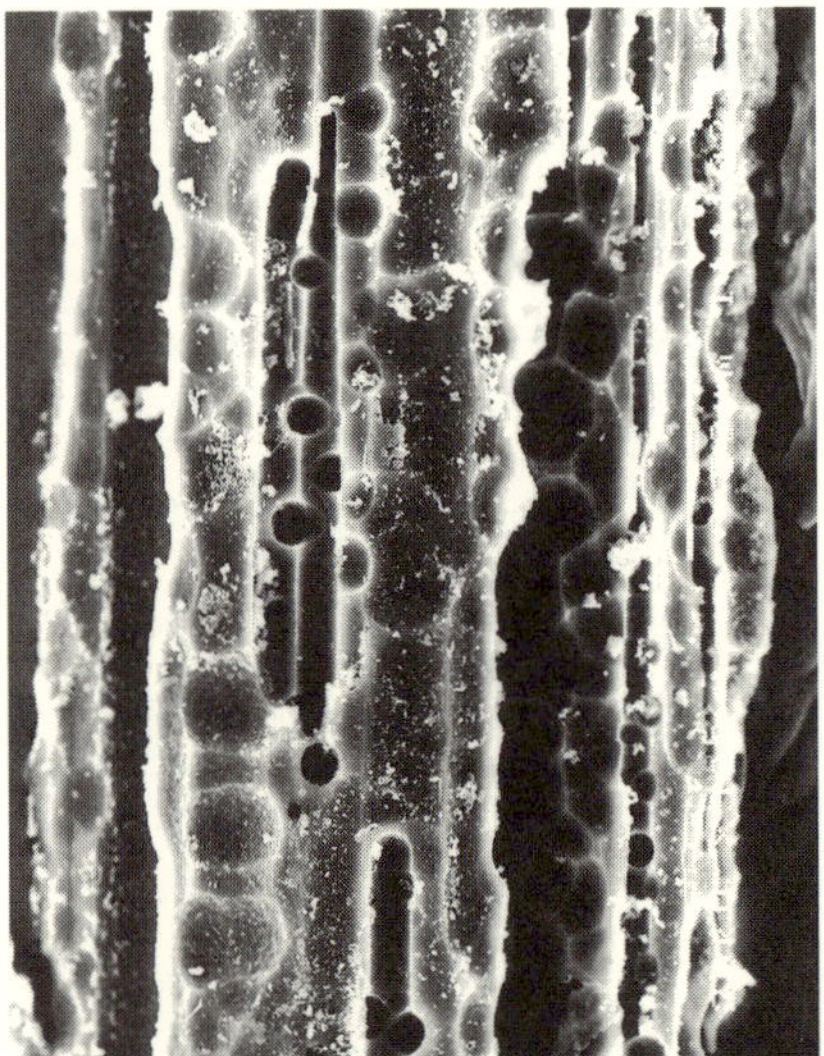

枝竹炭の維管束縦断面。繊維方向(道管)に垂直な壁孔もみられる(写真提供・鳥羽曙氏)

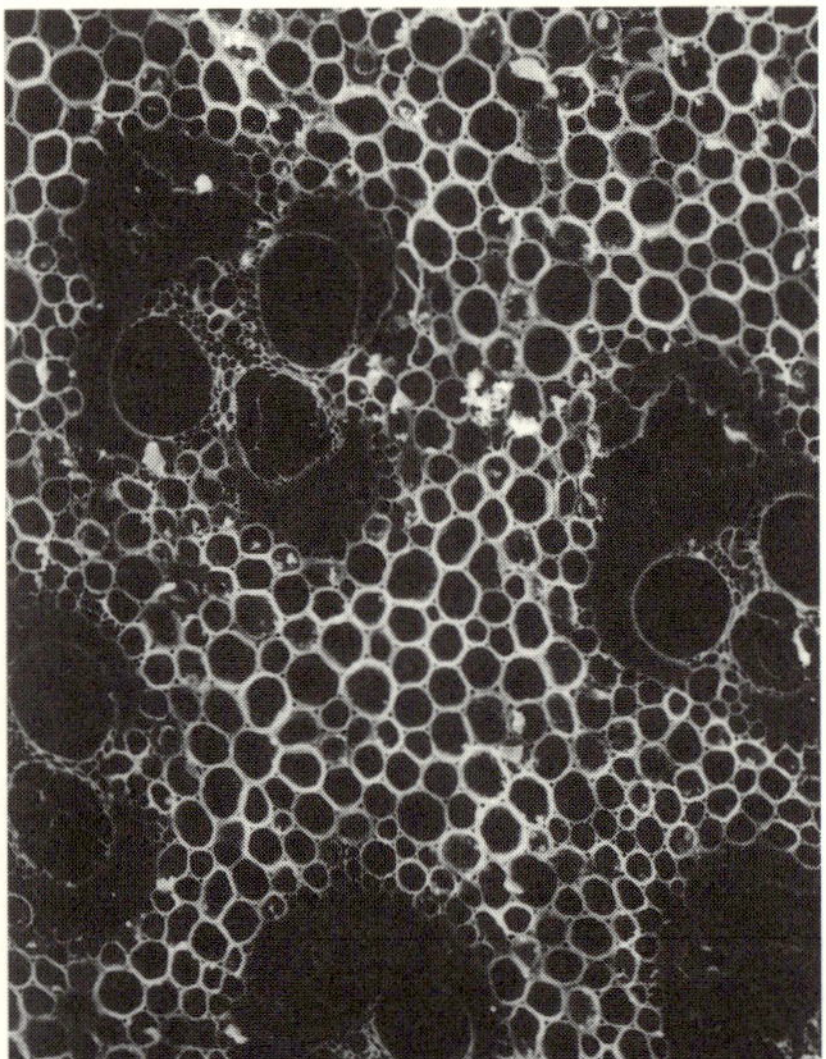

竹炭の横断面。柔組織の中に特徴的な維管束が散在する。炭化されても基本的な組織構造は引き継がれる(写真提供・鳥羽曙氏)

維管束は2個の道管、師部、これらを保護する厚壁繊維からなる維管束鞘で構成されている。

維管束は竹稈の外表皮側ほど小さいが密に、逆に内側では大きいが粗に、同様に竹稈の上方ほど密に分布する傾斜構造である。維管束が密なほど竹炭の硬度は増す、とされる。

このような竹の組織構造は、収縮はするがほぼ相似形で基本的に、竹炭にも引き継がれている。

竹炭の諸性質

竹炭、木炭の諸性質を表1に例示する。

炭化温度（精煉度）が高いほど容積重は増し、容積重が大きいほど硬度も増す。硬度や後述する精煉度は炭の品質判定の基準でもある。竹炭の硬度はおおむね仮道管が発達しているポーラス（多孔質）な針葉樹黒炭なみであって、白炭よりもやわらかい。逆に、備長炭がいかにかたい炭であるかがわかる。

ちなみに、三浦式木炭硬度計は鉛を1、銅を12、鋸用鋼鉄を20として、全体を20段階に区分している。

着火温度は竹炭・黒炭で320～400℃、白炭で400～500℃程度である。炭化温度が高くなるほど揮発分が少なくなり着火温度は高くなるが、後述するように逆に発熱量は低下する。

炭の燃焼は（炎も煙も出ない）表面燃焼で、放熱は赤外線（熱線）による放射伝熱である。竹炭は、着火しやすいが立ち消えすることもあるとされ、かつ火持ちもよくなく、また灰が黒ずむこともあり燃料としては敬遠する向きもある、と聞く。

発熱量は黒炭の炭化温度帯で最も高く7800kcal／kg前後となり、白炭と同程度である。黒炭の8000kcal／kg前後よりは低い。炭化すると炭材の1・5倍以上の発熱量となる。

表2に炭の工業分析を例示する。

竹炭・木炭によらず、一般に、炭化温度が高くなるほど、黒炭よりも白炭のほうが固定炭素・灰分の含有割合が高く、逆に揮発分は低くなる。固定炭素と揮発分は（逆勾配の）直線関係にある。

ミネラルの総量を示す灰分は竹炭のほうが木炭よりも多いが、炭（材）の種類による差も大きい。たとえば、ネマガリダケ炭は木炭のおよそ2・5倍に

表1　竹炭・木炭の諸性質

竹炭・木炭の種別		精煉度	硬　度（三浦式）	容積重（g/cm³）	発熱量（cal/g）
竹炭	モウソウチク	6〜7	5	0.43*	7840
	チシマザサ	5〜7	1	—	7630
黒炭	アカマツ	2	1〜5	0.27	8050
	クヌギ	9	8	0.48	7970
白炭	コナラ	0	12	0.68	7770
	ウバメガシ	0	18	1.13	7780

『木材工業ハンドブック』（改訂4版　丸善　平成16年）から抜粋
＊高野竹炭600℃（細川らBamboo Journal　No.18　2001）

表2　竹炭・木炭の工業分析

炭の種類		水分（%）	灰分（%）	揮発分（%）	固定炭素（%）
竹黒炭	モウソウチク	5.1	2.2	15.5	77.2
	マダケ	6.8	3.1	15.1	75.0
	ネマガリダケ	7.5	4.2	15.2	73.1
	アズマネザサ	7.4	4.2	15.7	72.7
竹白炭	モウソウチク	6.2	2.2	9.3	82.3
	マダケ	8.5	3.1	9.9	78.5
	ネマガリダケ	9.8	5.1	8.4	76.7
	アズマネザサ	9.1	4.3	6.2	80.4
木炭	黒　　炭	7.2	1.7	8.5〜25	82.7
	白　　炭	10.0	1.9	4.5	83.6

＊竹炭は精煉度4〜5、50メッシュ通過のもの。木炭は全国各地の平均値
『木材工業ハンドブック』（丸善　昭和33年、48年）から抜粋、一部加工

表3　市販竹炭・木炭の諸性質

竹炭・木炭名（産地）		水銀注入法		ヨウ素吸着法	
		細孔容積（mℓ／g）	細孔半径（nm）	比表面積（m²／g）	吸着速度（X_{17}／X_{140}）
竹炭	タケ炭（高知）	0.293	27	319	0.75
	タケ炭（福島）	0.401	15	316	0.85
黒炭	クヌギ黒炭（福島）	0.336	229	343	0.77
	ナラ黒炭（岩手）	0.544	505	343	0.89
	カシ黒炭（高知）	0.453	117	325	0.75
	ミツマタ炭（徳島）	6.41	1340	336	0.92
	スギ黒炭（兵庫）	1.54	1300	388	0.90
	ヒノキ黒炭（奈良）	—	—	405	0.93
白炭	カシ白炭（大分）	0.315	112	349	0.57
	カシ白炭（高知）	0.172	98	308	0.67
	ウバメガシ備長炭（和歌山）	0.180	135	124	0.70

細孔容積：水銀圧入法で求めた半径約3.7nm〜6.5μmの範囲の値。細孔半径：細孔半径の大きいほうからの累積細孔容積が50%となるときの値。Xの添字は経過時間（hr）
安部郁夫「科学と工業」68(4)（1994）から抜粋

も達するが、モウソウチク炭と木炭との差は小さい。

電気抵抗率は炭化温度が高いほど指数関数的に小さくなるが、竹炭と木炭とでは有意差はない。ちなみに、精煉計は炭化温度と電気抵抗との相関関係を応用したもので、電気抵抗から固定炭素の純度（炭化温度）すなわち精煉度を知ることができる。電磁波遮蔽特性も竹炭と木炭とでは有意差はない。

表3に市販の竹炭・木炭の細孔容積、細孔半径、比表面積、吸着速度を例示する。炭化条件は示されてないが「市販の（一般的な）炭の性質」という視点からは興味あるデータである。

竹炭の細孔半径は非常に小さい。おおむね高温処理（精煉）された白炭の4分の1以下、ミツマタ炭の50分の1以下である。

竹炭の細孔容積はクヌギ・カシの黒炭と同程度だが、白炭よりは大きい傾向にある。ミツマタ炭の細孔容積は突出して大きいが、もともと炭材が非常にポーラスであることによる。

竹炭の比表面積は黒炭よりも小さい傾向にあり、白炭と同程度である。備長炭は細孔容積が小さい分、容積重が大きく、かつ比表面積は小さい。

ヨウ素の吸着速度は黒炭、竹炭、白炭の順に小さくなる傾向がみられる。総じて比表面積が大きいということと、吸着速度が速い、吸着量が多いということとは必ずしも直接には結びつかない。吸着されるものの大きさと炭の細孔の大きさには最適な関係があり、細孔分布が重要な一因子となる。

竹炭の組成

竹炭と木炭の違いのひとつに、無機組成の違いがあげられるが、炭化温度、炭（材）の種類による差も大きい。表4に無機組成を例示する。

竹炭は木炭よりもカリウム・珪素が多いが、逆にカルシウムは少ない。竹炭はカルシウムが少ないので、竹炭灰にはクヌギ黒炭・ツバキ炭の灰のような白さは見られない。

その他の無機組成の含有量は竹炭・木炭とも少なく、かつその差も小さい。

珪素はスラグ化し炭窯を傷めるので、敬遠されることもある。篤農家には篠をやいて微量元素の補給

表4　竹炭・木炭の無機組成

竹炭・木炭に対する割合（%）

竹炭／木炭	カリウム K	ナトリウム Na	カルシウム Ca	マグネシウム Mg	鉄 Fe	マンガン Mn	珪素 Si	ゲルマニウム Ge
モウソウチク	0.58	0.01	0.05	0.14	0.01	0.05	0.62	＜0.05
マダケ	0.76	0.01	0.04	0.06	0.01	0.01	0.34	＜0.05
チシマザサ	1.39	0.04	0.02	0.06	0.02	0.02	1.63	＜0.05
アカマツ	0.16	0.01	0.36	0.07	0.03	0.05	0.05	＜0.05
ナ ラ	0.25	0.04	0.37	0.03	0.02	0.01	—	—

谷田貝ら『簡易炭化法と炭化生産物の新しい利用』（（財）林業科学技術振興所　平成6年）抜粋

源としている例もある。高温でやくと炭化珪素となり他の無機成分とガラス状に溶融し、補給効果を損なったり、細孔を塞ぎ爆跳の原因となることもある。400℃以下の低温炭化がよいなどとされる。

竹炭のpH

竹炭、木炭の炭化温度とpH《ピーエッチ》との関係を図1に例示する。

木炭は炭化温度が高くなるほどpHが高くなり、弱酸性から弱アルカリ性に移行する。

一方、竹炭は低い炭化温度（400℃）でもアルカリ性を示し、pHの温度依存性は無視できる程度である。酸性土壌の中和には竹炭が利便である、といえよう。

カリウムに富む竹炭のpH挙動は、ひとつには炭酸カリウムが水溶して生成された苛性カリウム＋炭酸水素カリウムなどのアルカリ成分に左右されるものと推測されよう。

図1　竹炭・木炭の炭化温度とpHの関係

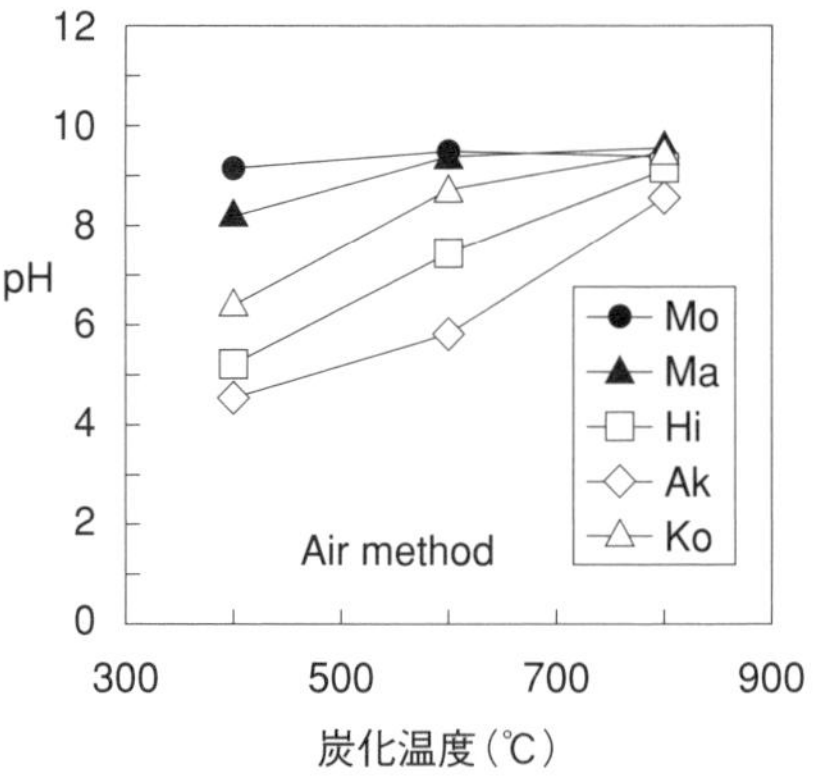

Mo：モウソウチク、Ma：マダケ、Hi：ヒノキ、Ak：アカマツ、Ko：コナラ
藤原ら「木材学会誌」（49巻5号　2003）

竹炭の炭化温度による吸着特性の変化

及川紀久雄

進められる炭の機能性研究

木炭・竹炭は、部屋の有害物質や臭気物質の吸着除去や湿度調整、冷蔵庫の脱臭、水道水の異臭・異味の除去、さらにはご飯を炊くとき、天ぷらを揚げるときなど、生活のあらゆる面で使われている。いわゆる炭の持っている機能性という価値に、多くの人々が気づきはじめているのだ。

しかし、多くの消費者は「黒くなった炭」であればすべてが同じ「効能」があると、また備長炭のように叩くと金属音がするようなかたい炭は、さらに効能がすばらしいと信じている。炭商品は現在JIS化が進められているが、今まで、科学の面で何の品質も特質も記載されていない、極めて珍しい商品であることに、生産者も消費者も気がついていない。

一方、炭をやく多くの人々は「黒炭」「白炭」「備長炭」と、燃料としての性能を求めた炭化技術から変化していない。また木質廃材などの産業廃棄物も、炭化されたものは「木炭」と同じ炭として扱われている。

近年、炭化技術とその科学への追究から、炭の機能性に関する研究が進んできている。著者らも炭化条件とその機能性科学について追究し、化学物質の種類と吸着特性が炭化温度に大きく依存していることを明らかにしてきた。

炭化技術が世界一と評価される日本の炭やきが、機能性科学を基本にしたものに変化したとき、品質、特性を明確にした価値ある機能性木炭が生産され、その利活用とビジネスとしての未来を明るくすることができよう。

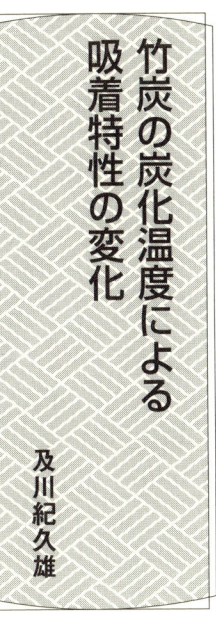

炭化温度が炭の構造に与える影響

炭の表面構造、細孔構造は、炭化温度の影響を受ける。炭においてこれらの細孔構造は、炭化温度に

図2　竹炭のミクロ孔分布

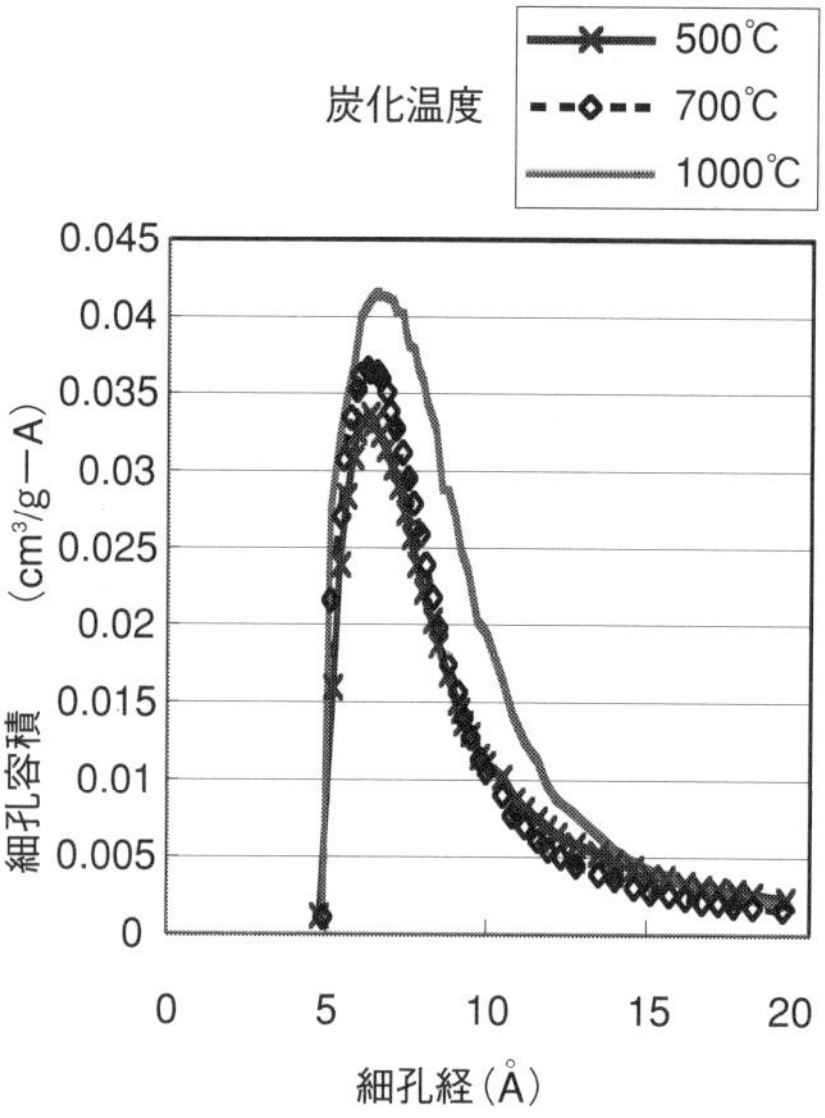

表5　竹炭の炭化温度別比表面積

炭化温度（℃）	比表面積（m²/g）
500	360.2
700	361.2
1000	490.8

より変化する。

表5に500～1000℃の範囲で炭化した竹炭の表面積を測定した結果を示した。また図2にミクロ孔の分布（細孔分布）を示した。

比表面積および2nm（1nmは1mの10億分の1）以下のミクロ孔は、炭化温度が高くなるほど細孔容積が大きくなり、1000℃で最高値を示す。さらにメソ孔も1000℃で最も細孔容積が大きく15nmの細孔径に最も多くの細孔が存在する。

またマクロ孔領域においては、500℃および700℃で60、450、2250nmの細孔径に最も多くの細孔があり、500℃のマクロ孔容積よりも700℃のマクロ孔容積が大きい。

1000℃では2250nmの細孔径に細孔容積が多く存在するが、500℃、700℃に比べてマクロ孔の細孔容積が小さいことがわかる。これは、1000℃まで加熱されると熱収縮により細孔径が小さくなり、多く存在する細孔がマクロ孔領域からメソ孔領域へ移動するためだ。このような細孔構造は樹種により多少の差はあるが、とくに炭化温度のほうが強く影響する。

炭による有害物質の吸着除去効果

異なる炭化温度（500、700、1000℃）で炭化した竹炭について、室内環境汚染物質の吸着効果を試験した。アンモニアの吸着試験結果を図3

図3　アンモニア吸着試験結果

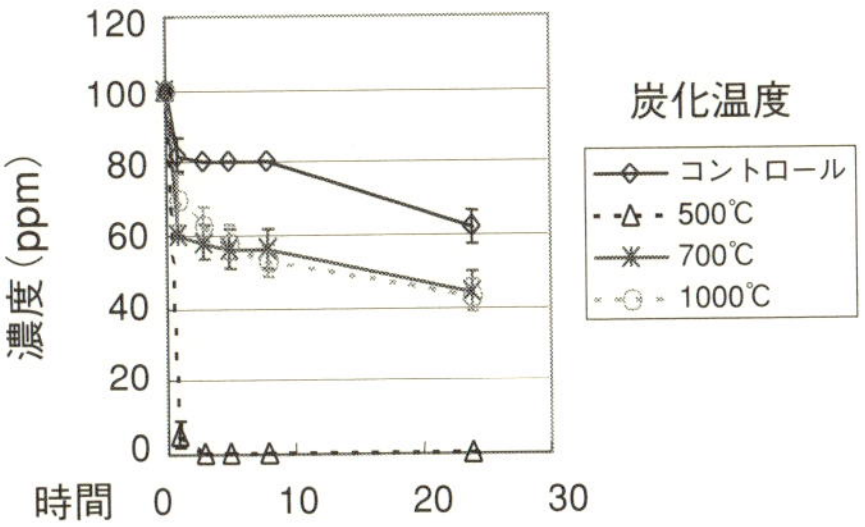

図4　ホルムアルデヒド吸着試験結果

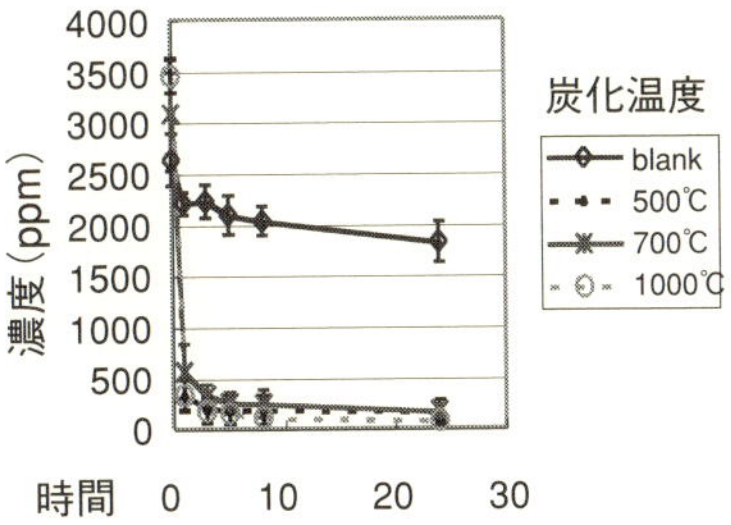

図5　ベンゼン吸着試験結果

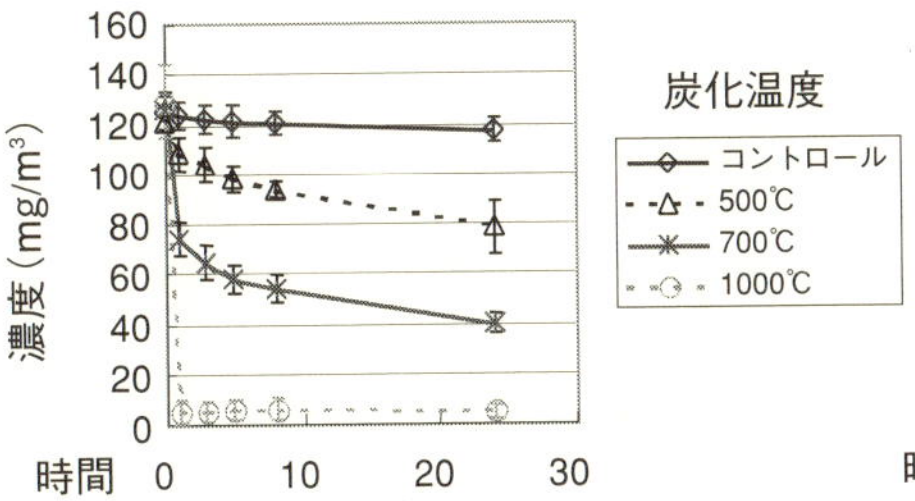

図6　トルエン吸着試験結果

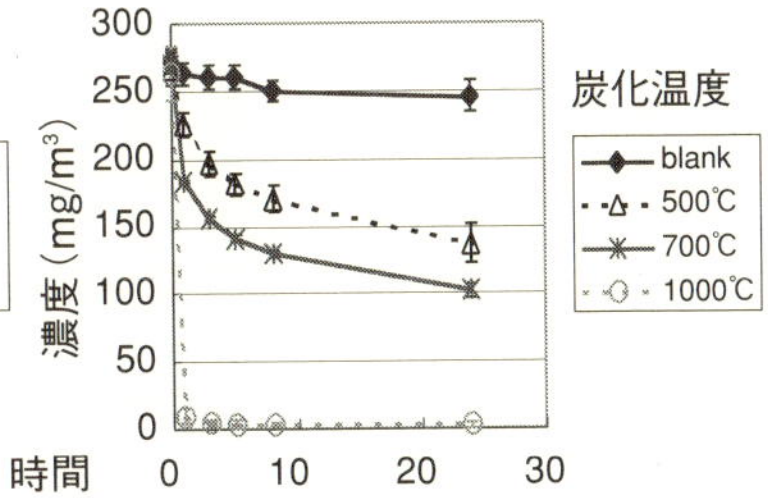

に、ホルムアルデヒドの吸着試験結果を図４に、ベンゼン、トルエンの吸着試験結果を図５～６に示した。

アンモニアの吸着は５００℃で炭化させた竹炭が有効であった。ベンゼン、トルエンは１０００℃で炭化させた竹炭が有効であった。ホルムアルデヒドはその沸点が小さく吸着除去が困難だが、室内環境で問題となるような濃度域で竹炭は有効であり、炭化温度が高いほど吸着効果が高く、ベンゼン、トルエンと同様の傾向を示した。またベンゼン、トルエンの吸着効果は比表面積が最も大きくなる９００～１０００℃で炭化された竹炭の物理吸着によるものと考えられる。

４００～５００℃という温度では、竹の主成分であるセルロースやリグニンの熱分解が最も活発に起こっている温度であり、熱分解によりカルボキシル基、フェノール性水酸基等の官能基が生成することが報告されている。著者らの研究でのＥＳＲ（電子スピン共鳴）スペクトル測定においても、５００℃の竹炭で最も多くのＥＳＲ活性なラジカル種が検出され、多くの官能基が存在していることが推測される。このためアンモニアのような塩基性物質には、物理吸着の大きい１０００℃の竹炭よりも、アンモニアとの化学吸着に有効な酸性基であるカルボキシル基やフェノール性水酸基を多く持つ５００℃の竹炭が有効であるといえる。このほかにもモノメチルアミンのような塩基性物質は同じ傾向を示す。

このように、室内環境汚染物質を炭によって吸着除去するためには、炭の炭化温度が重要であるといえる。

炭による臭気物質の除去効果

異なる炭化温度（５００、７００、１０００℃）で炭化した竹炭について、臭気物質の吸着効果を試験した。ヒトや動物の糞便中に含まれるインドール、スカトールの吸着効果、さらに加齢臭成分のノネナールの吸着効果を調べた。

竹炭は各臭気物質に対しても吸着除去効果を示した。特に１０００℃で炭化した竹炭は比表面積が大きくなり、また物理吸着も大きく、インドール、スカトール、ノネナールなどの臭気物質に対しても吸着効果が大となる。

アミン類の吸着除去効果

人や動物から排泄するアンモニアや、魚のにおいのトリメチルアミン等のアミン類の、５００℃木炭と活性炭の脱臭効果を、冷蔵庫を想定した５℃と室温を想定した20℃で試験した。

アンモニア（図７～８）、モノメチルアミンについては、20℃および５℃では５００℃炭化の竹炭による吸着効果が大きいことがわかった。またジメチルアミンについては、20℃では活性炭と５００℃竹炭の吸着効果はほぼ同じだが、５℃では活性炭のほうが吸着効果が大きくなる（図９～10）。トリメチルアミンについては、20℃および５℃で活性炭による吸着効果が大きく、５℃ではその結果がさらに顕著となる。

炭の機能性は炭化温度で決まる

炭の機能性である化学物質を取り込む作用は、そ

図7　アンモニアの脱臭効果（20℃）

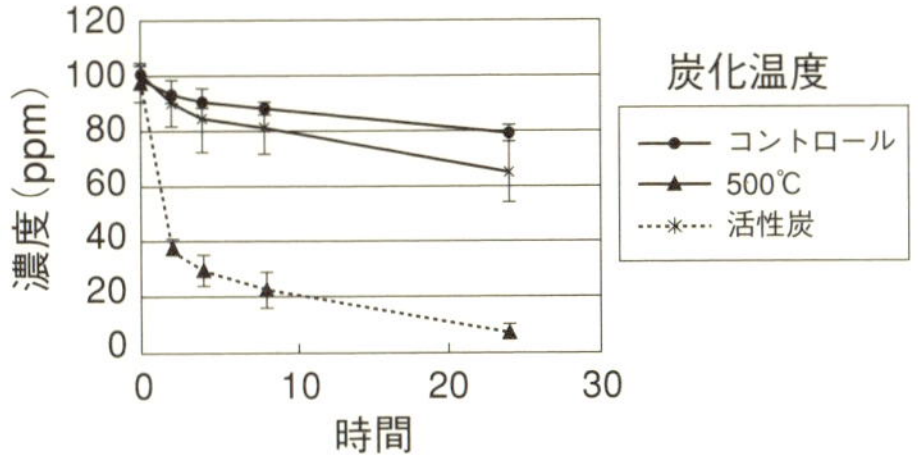

図8　アンモニアの脱臭効果（5℃）

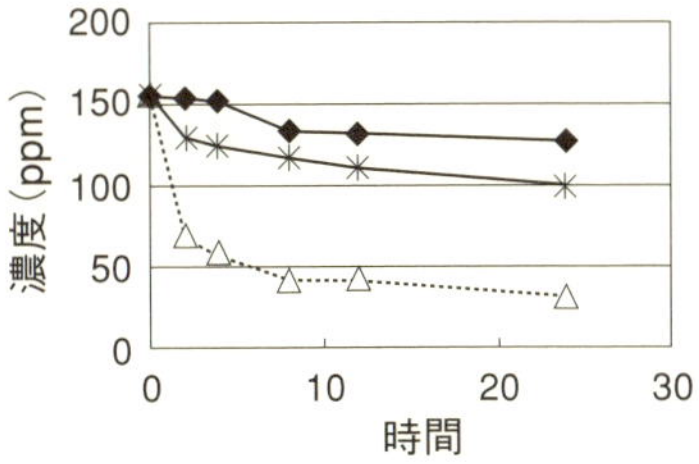

図9　ジメチルアミンの脱臭効果（20℃）

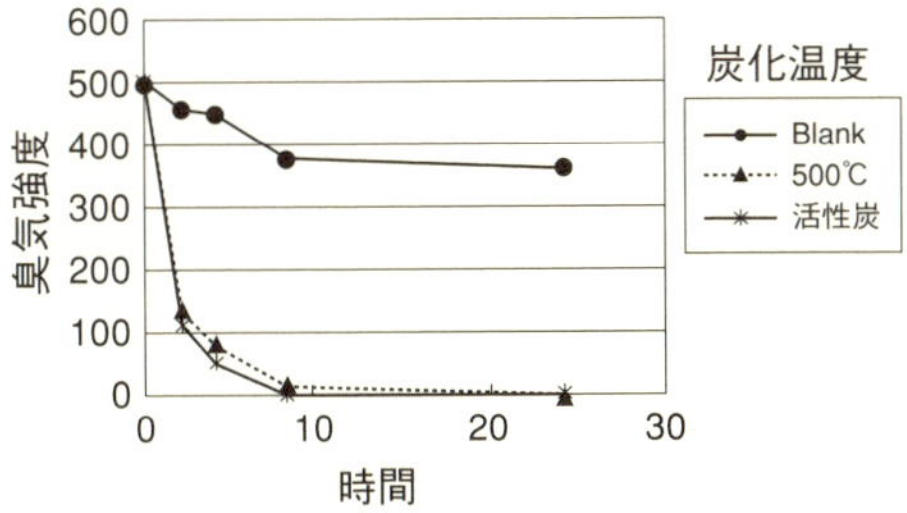

図10　ジメチルアミンの脱臭効果（5℃）

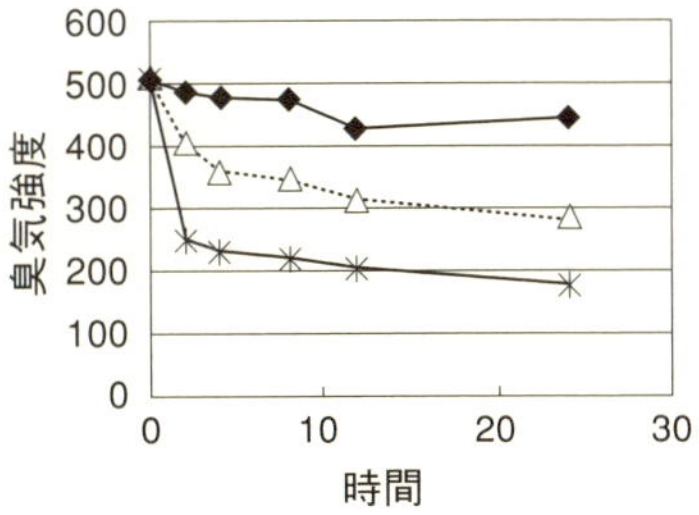

の表面の細孔構造や化学構造に影響を受ける。そして炭の細孔構造および化学構造は、炭化温度により大きく変化する。

細孔構造については、1000℃までの温度で炭化温度が高くなるほど細孔が発達し、細孔容積が増加する。化学構造については、400~500℃の熱分解が活発に起こっている温度で炭化した炭は表面に酸性を示す構造が多く存在し、800℃以上の高温で炭化した炭はアルカリ性を示す構造が多く存在する。これらの細孔構造と化学構造が炭の機能性に大きく影響を与えるため、炭の機能性はその炭化温度が決めるといえる。

また炭の機能性を生かして複数の化学物質を吸着除去するには、炭化温度の異なる竹炭をミックスして用いることでより効果が上がる。著者らは500℃で炭化された木炭と1000℃で炭化された木炭を1対1で混合し、化学物質の吸着効果の高い木炭ボードを開発した。

竹炭の調湿機能のメカニズム

石丸　優

空隙構造に基づく調湿特性

木炭・竹炭は、その高い吸着性を利用して多様な用途に用いられている。調湿材料としての利用もそのひとつである。

調湿材料とは、居住空間の湿度を人間に快適な範囲に調節する機能を持つ材料で、相対湿度（天気予報で使う湿度）40～70％の範囲で吸湿量が著しく増加する材料が優れた調湿材料とされている。

多くの場合、こうした調湿材料は内部に微細な空隙を多量に持つ。相対湿度が上昇すると空隙に水分が充填されて空気中の水分量を減らし、低下すると空隙に保持されていた水が空気中に蒸発することにより、その機能を発揮する。したがって、調湿材料の吸湿特性はその空隙構造に基づくが、木炭・竹炭について吸湿特性と空隙構造の関係を詳細に検討した例はみられない。

そこで本稿では、近年われわれの研究室において、木炭・竹炭の調湿機能と空隙構造の関連について検討した結果を中心に述べる。

竹炭の吸湿性

炭化温度９００℃のモウソウチク炭およびアラカシ炭の吸湿量の相対湿度に伴う変化（吸湿等温線）を図11に示した。相対湿度約40～60％における等温線の急激な立ち上がりは、アラカシ炭よりもモウソウチク炭で顕著であり、モウソウチク炭のほうが理想的な調湿材料に近い。

図12には、製炭条件の異なるモウソウチク炭の吸湿等温線を示した。賦活の際には、窒素中に二酸化炭素を20％混合した。低温では、相対湿度約40～60％における等温線の立ち上がりは小さいが、炭化温度の上昇とともに立ち上がりが急峻になり、賦活炭はさらに顕著な立ち上がりを示している。

図11　900℃で炭化した木炭と竹炭の吸湿性の相違
（昇温速度5℃/min、最高温度保持時間1時間）

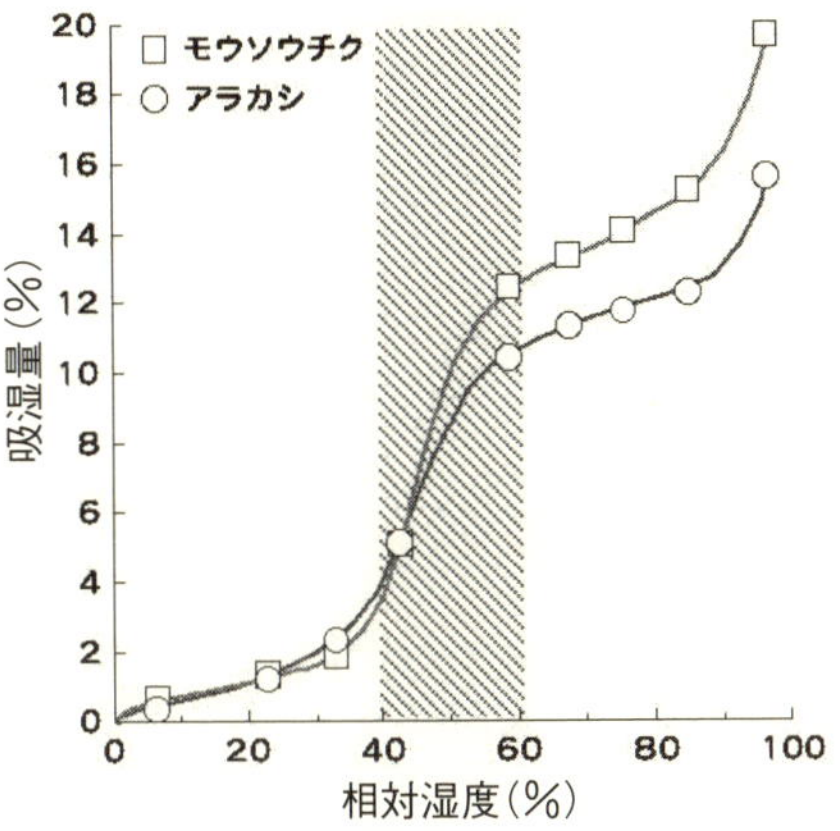

図12　竹炭の炭化条件別の吸湿等温線（昇温速度5℃/min、最高温度保持時間1時間）

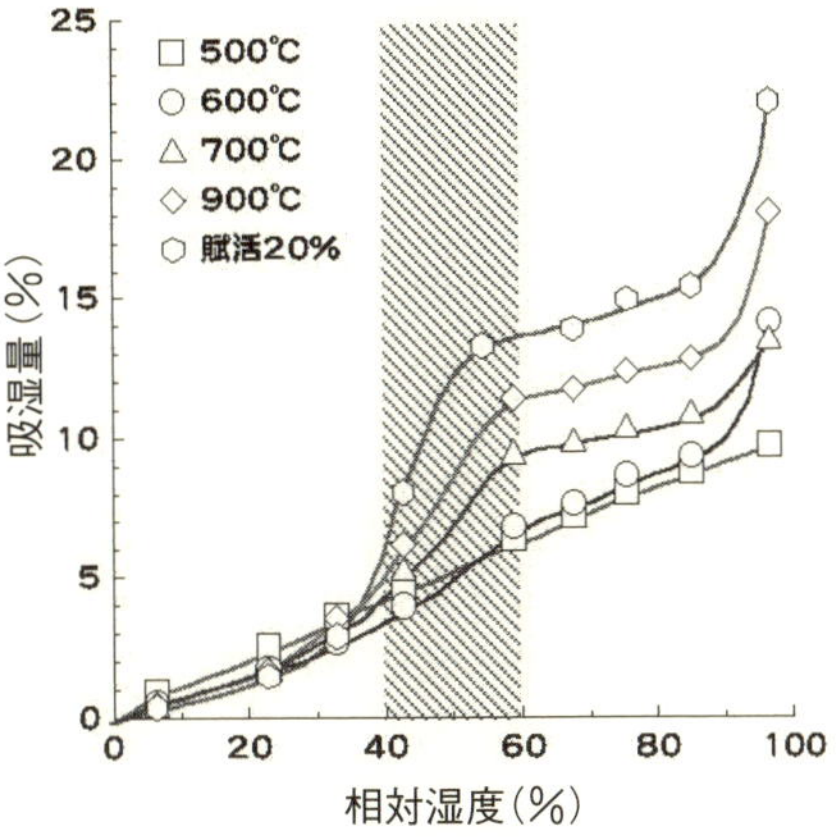

この炭化温度範囲では、高温炭化物ほど吸湿性は高く、さらに賦活によって吸湿性は向上し、水が充塡できる微細空隙が増加すると考えられる。ただし、より高温で炭化時間が長いと、緊密なグラファイト構造に近づくため、吸湿性は低下するとされている。

水分吸着とメタノール吸着の比較

図13は、モウソウチク炭へのメタノールおよび水分の吸着等温線（水分の場合、吸湿等温線ともいう）を、吸着体積に換算して比較したものである。メタノールの吸着等温線は、水の等温線とは異なり、相対蒸気圧（飽和蒸気圧に対するそのときの蒸気圧の割合、水の場合は相対湿度ともいう）10％以下で急激に立ち上がっている。

一般に、空隙寸法が小さいほど、液体の蒸気は低相対蒸気圧で空隙内を充塡する。詳細な説明は省略するが、水、メタノールともに細孔表面との接触角を0度と仮定して、毛管凝縮理論により相対蒸気圧と毛管凝縮の起こる細孔径の関係を求めると、水とメタノールで大差はない。このことから、水とメタ

図13　水とMeOHの吸着体積の比較（20℃）

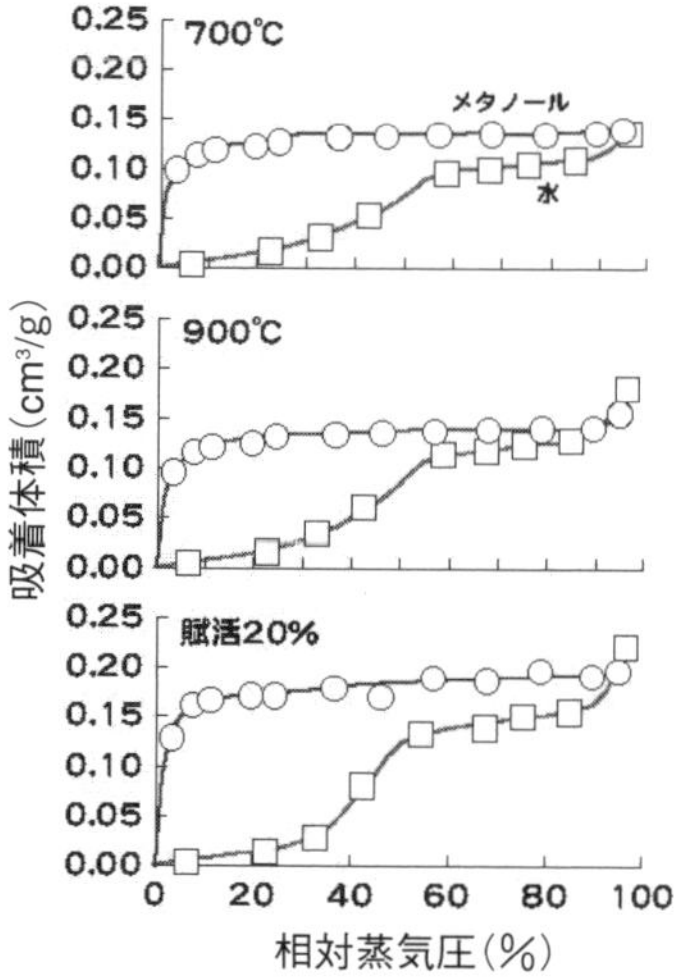

ノールが同一の細孔で毛管凝縮を起こしているなら、吸湿等温線が急激に立ち上がる相対蒸気圧は水とメタノールで大差はないはずである。しかし、両等温線が立ち上がる相対蒸気圧は著しく異なる。

さらに、高相対蒸気圧域での水とメタノールの吸着体積を比較すると、いずれの炭化条件でも、ほぼ等しい吸着体積を示している。このことから、高相対蒸気圧のもとでは水とメタノールは同じ細孔を充填していると考えられる。すなわち、メタノールは水よりはるかに低い相対蒸気圧で、大部分の空隙を充填していると考えなければならない。

竹炭の空隙構造

従来、木炭・竹炭にみられる相対蒸気圧40～60％域での吸湿等温線の立ち上がりは、先に述べた毛管凝縮理論に基づいて、孔径2nm～50nm（1nmは1mの10億分の1）のメソ孔の存在に起因すると考えられてきた。しかし、この考えは、正確な空隙分布の測定に基づいたものではなかった。微細な空隙分布の測定は、多くの場合、液体窒素温度（マイナス196℃）での窒素ガス吸着によって行われるが、そのような低温では、分子オーダーの微細な空隙への吸着には極めて長時間を必要とし、測定は不可能に近い。

そこでわれわれは、0℃およびマイナス86℃における二酸化炭素吸着によって、細孔径2nm以下のミクロ孔の分布を調べた。その結果の例を図10に示す。

炭化温度の上昇とともに0・5nm付近にピークを持つ細孔量が増加しているが、この結果は、高温で炭化した炭ほど、相対湿度40～60％における吸湿量

図14　炭化温度によるモウソウチク炭の空隙構造の違い＊解析はHK方法による

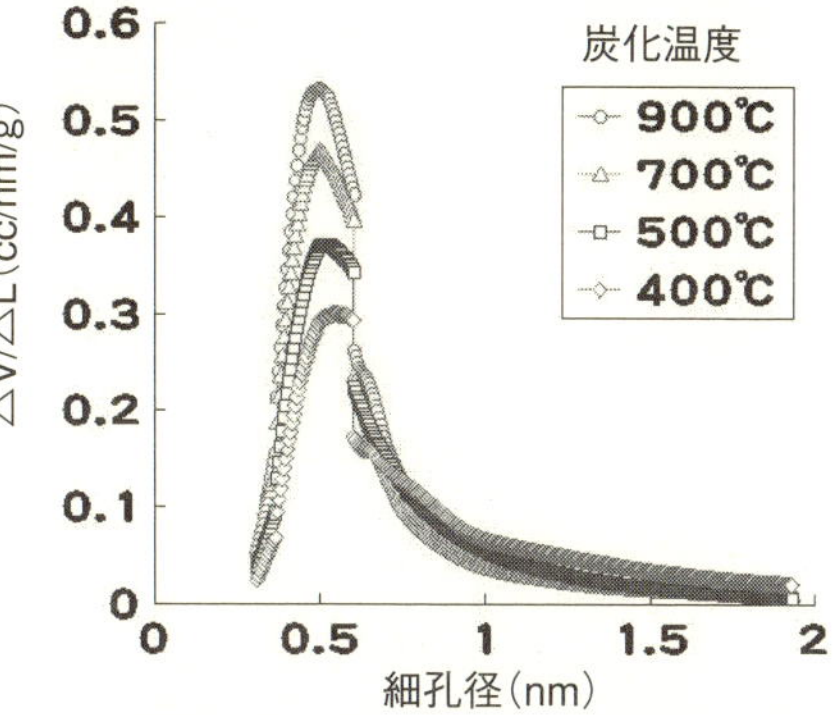

の増加が著しいという図12の結果と対応している。

なお図14では、細孔径0・6nmのところで分布曲線が不連続になっているが、これは、マイナス86℃で測定した0・6nm以上の空隙分布の測定において平衡に達していなかったためである。さらに、メソ孔の空隙分布の測定より、細孔容積は細孔径とともに少なくなり、その容積も極めて少ないとの結果を得ている。

これらの結果から、相対湿度40～60%域での吸湿等温線の立ち上がりがメソ孔に起因するとの従来の解釈は誤りである。言い換えれば、吸湿等温線の相対湿度40～60%での急激な立ち上がりは0・5nm付近にピークを持つミクロ孔による可能性が高い。

この考えが正しいとすれば、メタノール吸着では相対湿度10%以下の領域で起こるミクロ孔への充塡が、水分吸着の場合には40～60%という比較的高相対湿度域で起こる理由が問題となる。この理由は、炭に対する親和性がメタノールよりも水のほうが低いことによると考えられる。そこで、親和性の尺度（親和性が低いほど接触角は大きくなる）として、水およびメタノールと炭の接触角を測定した。その結果、メタノールではほぼ0度とみなせるが、水の場合は85度以上で、水の炭に対する親和性はメタノールよりはるかに低いことが明らかとなった。

最後に、炭の電子顕微鏡写真を示す。

左は通常の炭化温度よりはるかに高温の2490℃で炭化したもので、フーリエ変換イメージからも極めて規則正しく配列しており、ほぼ完全なグラファイト構造をとっていることがわかる。これに対して、右図は炭化温度700℃のもので、配列は不規則で、配列の乱れた部分に0・5nm程度の隙間（白く見える部分）がみられる。

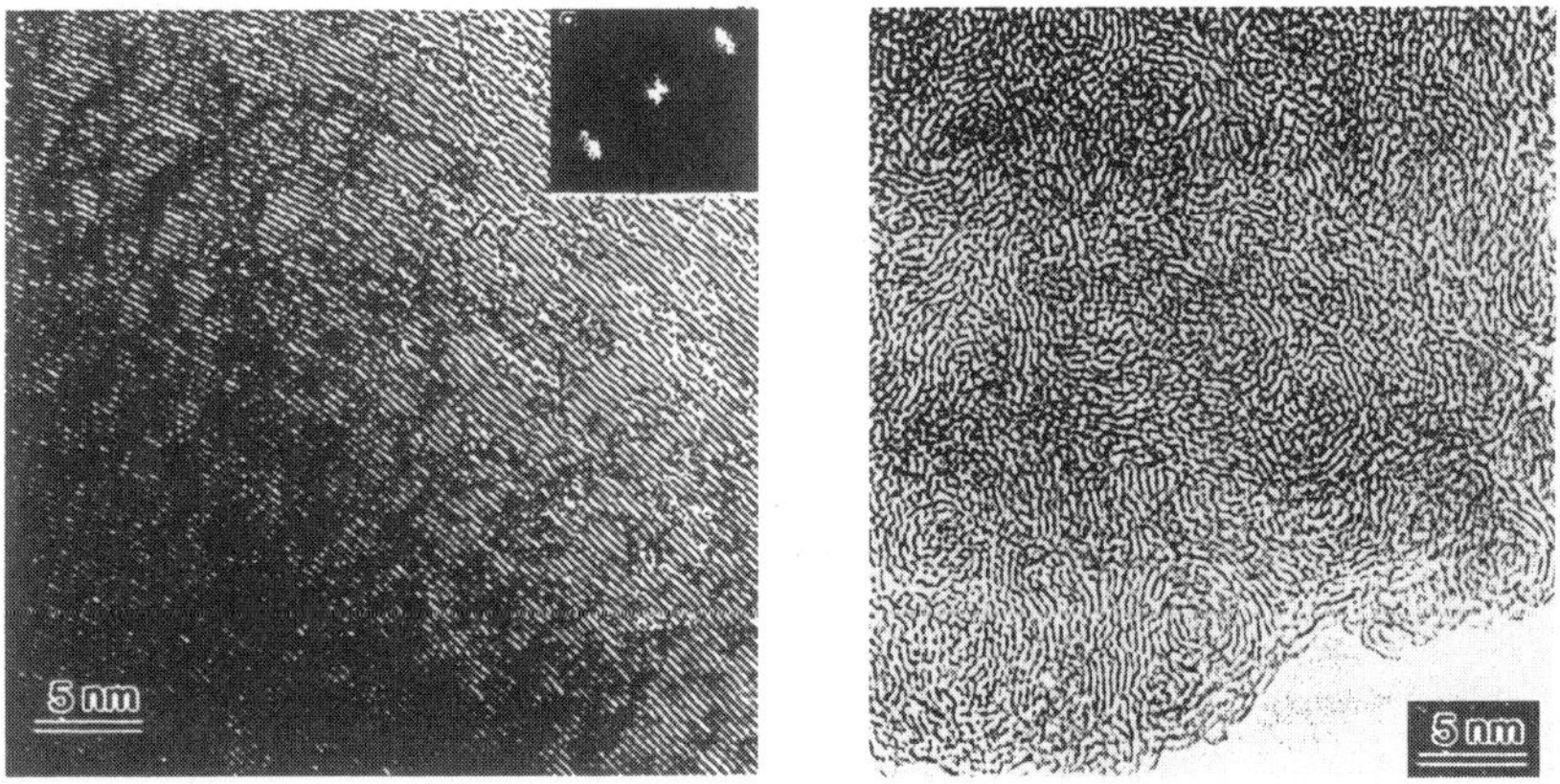

炭化温度：2490℃　　炭化温度：700℃

木炭の高分解能電子顕微鏡写真。右上はフーリエ変換イメージ（写真提供・畑俊充氏）

空隙を大きくできれば理想的吸湿材料に

以上の結果から、炭の吸湿機能のメカニズムは次のように考えることができる。

木炭・竹炭には、メソ孔（孔径2～20nm）はほとんど存在せず、0・5nm付近にピークを持つミクロ孔が主体である。したがって、木炭および竹炭の吸湿機能は、基本的にはグラファイト構造の乱れに起因するミクロ孔の存在に基づいているといえる。

こうした微細な空隙への液体蒸気の充填は、液体と炭との親和性が高い場合には、極めて低い相対蒸気圧のもとで起こるが、水の場合には、炭との親和性が低いため、主に相対湿度40～60％の範囲で起こり、木炭・竹炭に特有の調湿機能を発現している。

得られた結果によれば、炭は理想的相対湿度域よりもやや低い相対湿度域で吸湿量が著しく増加する。したがって、もう少し空隙を大きくすることができれば、より理想的な吸湿材料となる。今後、炭化条件による空隙構造の制御の可能性についての検討が必要と考えている。

竹酢液の特徴と主な成分、性質

谷田貝光克

竹酢液には50種類ほどの化合物

木酢液と同様、竹酢液はその80～90％は水分である。残りの10～20％が有機化合物である。この水分の割合は、炭材である竹に含まれる水分含量に大きく影響される。竹の水分含量が高ければ当然収率は高くなるが、同時に竹酢液の水分含量も高くなる。

竹酢液の成分は木酢液同様、酸類、フェノール類、アルコール類、中性物質、塩基性物質で構成されている。中性物質にはホルムアルデヒドやエステル類が含まれる。塩基性物質にはピリジンなどの窒素化合物が含まれるが、竹酢液中に見いだされることはまれである。木酢液中には詳細に調べると２００種類ほどの化合物が含まれていることが知られているが、竹酢液の分析では明らかにされている成分はせいぜい50種類程度である。その中でも殺虫作用や抗菌作用などの竹酢液のはたらきに大きく関与しているのは、たかだか20種類ほどである。

竹酢液には50種類程度の化合物が含まれている

竹酢液の主成分は酢酸

竹酢液に含まれる有機化合物の中で、最も含有率が高いのが酢酸である（図15）。多いときには有機化合物中の約50％程度含まれる。竹酢液中にすると5～10％程度含まれることになる。

図15　竹酢液の主な成分

- 竹酢液
  - 有機化合物（10～20％）
    - 酸類（酢酸、ギ酸）
    - フェノール類（クレゾール、グアイアコール）
    - アルコール類（メタノール、アセトイン）
    - 中性物（アルデヒド類、エステル類）
    - 塩基性物質（ピリジン）
  - 水分（80～90％）

酸類にはほかに、ギ酸、ブチル酸、プロピオン酸などが含まれる。ギ酸の含有率が木酢液に比べて高めなのが竹酢液の特徴である。同時にギ酸が酸化される前の化合物であるホルムアルデヒドの含有率も木酢液に比べて竹酢液は高めである。

　アルデヒド類としてはフルフラールや5-ヒドロキシメチルフルフラールなどが含まれる。ロータリーキルンで竹を炭化し、その排煙を熱源に使用したあとの竹酢液を回収すると、pHが1前後の酸性の強い竹酢液が得られることがある。このような場合、使用に際して一般的な竹酢液と同様な使い方をすると支障をきたす可能性があり、薄め具合などの工夫を要する。

　アルコールとしては、少量ながらメタノールが含まれる。エステル類には酢酸メチルや吉草酸メチルなどが含まれ、竹酢液のにおいの一部となっている。

　フェノール類としてはクレゾール、フェノール、バニリン、グアイアコール、4-アリル-2、6-ジメトキシフェノールなど、木酢液と類似のフェノール類が含まれており、殺虫作用や抗菌作用の源となっている。

竹酢液にはフェノール類が多く含まれる

炭材として使用される竹には、モウソウチク、マダケ、ネマガリダケなどがある。同じような条件で炭化した場合、一般的には類似の成分組成となり、竹酢液成分にそれほどの大きな違いはみられない。熱分解によって、最終的には比較的構造の類似した化合物に落ち着くからである。

　しかし、炭化方法、炭化温度などの違いによって、同じ種類の竹でも差が出てくることがある。成分的に最も大きな違いをもたらすのは炭化炉の違い、す

表10　木酢液と竹酢液の比較

	木酢液	竹酢液
pH	3.0	3.1
成分含量（%）		
酢酸	4.1	2.3
ギ酸	0.06	0.8
メタノール	0.29	0.21
ホルムアルデヒド	0.0006	0.0008
フェノール	0.013	0.055
o-クレゾール	0.005	0.012
m-クレゾール	0.003	0.004
p-クレゾール	0.002	0.004

木酢液炭材コナラ、竹酢液炭材モウソウチク
黒炭窯で炭化
有機物含量、成分含量は木酢液に対する%

なわち、それは炭化温度の違いでもある。それは、一度生成した竹酢液成分が炭化温度の上昇とともにさらに分解し、二次生成物を生じることがあるからである。このような分解で生じる二次生成物は、一般に低分子化していくことが多い。

表10は、木酢液と竹酢液の成分組成を比較した一例である。この表では竹酢液のギ酸、ホルムアルデヒド、フェノール類の濃度が木酢液に比べて高めである。しかし、これは一例であって、炭化方法によっても多少の成分組成の変化がみられるので、常にこのような結果が得られるとは限らない。

ホルムアルデヒドなどのアルデヒド類は竹酢液の殺虫作用や抗菌作用に寄与するが、静置しておくとフェノール類と重合し沈澱したり、懸濁の原因ともなり、竹酢液の品質を落とす要因ともなる。静置で懸濁物が出てきたら、ろ過する必要がある。

第２章

炭材となる竹の伐採と処理、調材

炭材として肉厚で歩溜まりがよいモウソウチク

炭材となる竹の種類と選定

鳥羽　曙

竹の三害

竹炭をやき始めた当初、竹は、身近にある手頃なあり余った材料としかみていなかった。しかし竹に取り組み、使ってみて、まことに複雑で厄介な材料であることに気づかされた。このことは古くからの銘竹等を扱う竹屋さんは知っており、その対応に苦労されていたのである。いまさらながらと思われるが、取り組んだ以上は有用な材料にするのも炭やきの仕事のひとつであろう。

炭材としての竹種の選定は、大変大事な作業のひとつである。それは収益と用途と炭化法に影響するからである。

「竹に三害あり」。京都の銘竹屋さんの言葉である。それは「割れ」「カビ害」「虫害」を指す。

この中の割れについては、銘竹屋と炭やきでは意味が異なる。炭やきの割れは炭化時の割裂性の割れを意味し、銘竹屋は乾燥保存時の割れを意味する。カビ害と虫害は、同じように被害を受ける。

伐採の適期

炭材の選定に欠かせないのが、適期伐採である。適期伐採の利点はいくつかあるが、その主なものは虫害防止と乾燥期間の短縮だ。

虫害による被害は乾材でも生材でも生じるし、適期伐採は１００％安全かというとそうではなく、やはり被害を受ける。冬から春にかけて増える熱水抽出成分中の糖分が影響していると考えられているが、いずれにしてもこの季節の竹に被害が多いことは事実である。地域による季節性があるが、筆者の地方（福井県）では8月中旬から12月上旬ころまでは被害が少ない。

それとともに、この時期の竹は含水率が50～60％と減少している。この50～60％の含水率（最大は4

材質部が薄く、節間長が長いマダケ

竹稈が長く、材質部が厚いモウソウチク

月の120%）の減少は、乾燥日数（気乾）を約2カ月短縮したことになる（中稈部位を4つ割した状態のもの）。

炭材に使われる竹種

竹は複雑な組織構造を持ち、真円ではなく、また植栽条件によって組織がやわらかい、かたい、粗い、緻密がある。肥培竹林、芯とび竹、河川敷の竹は組織細胞がやわらかく、若齢竹は落ち込みが大きい。標高の高い寒冷地の材は組織が緻密である。いずれにしても作業性のよい組織の緻密なかたい材は、商品化するのに手のかからない材であるといえる。

現在炭材として使われている竹の種類はモウソウチクが主流であり、マダケ、ハチクそして笹と続く。地域によってはマダケ、モウソウチクと順位が変わるが、正確には把握できていない。

モウソウチクの使用が多いのは栽培面積が多く、容易に手に入りやすい種類であることに加えて、稈が太く、肉厚で歩留まりがよいことである。

マダケはモウソウチクに比べて栽培面積も少なく

稈は細く、肉厚も薄いため、筆者の地方では重要視されない。しかし九州地方や四国吉野川流域では、モウソウチクよりも太く肉厚のマダケを多く見かける。

ハチクは前二者に比べて歩留まりが悪いため、炭材としては重要視されていない。

笹はモウソウチク、マダケと異なった特性を持っており、マドラーのような界面的な機能が利用されるようになって注目されている。かつて竹炭が世に出た初期に、「ネマガリダケの竹炭が最高の竹炭である」と評論家の先生に聞かされたものであるが、当時の竹炭は研究対象がネマガリダケで、それ以外はやかれたことがないから評価することができなかったものと考えられる。

部位分別の試行錯誤

竹を炭材に使うには、いろいろな条件や制約がある。一本の竹材を部位によって分けないと、炭材としての条件設定が円滑にできないことである。このことを怠ると、燻煙処理や炭化時の着火と昇温に手間どることになるし、炭化温度のバラツキが大きくなり、品質に影響を与える。

趣味やボランティアではなく職業で竹炭をやくとなると、まず考えるのは「いかに高価で買い取ってもらえるか」であろう。

筆者が竹炭をやき始めた当時は、竹炭をつくっても売れず、もらってもらうにもお願いしなければならない時代であった。竹酢液が目的で竹炭をやいても、竹酢液を採取する量が問題になってくる。液の場合は量イコール重量となるので、量を多く採るために、地上部（根稈）の太くて肉厚な部分を使っていたが、燃料に使ってみると爆跳が多いため、末梢部（先端稈）も炭材として利用するようになった。竹炭をやく目的が竹酢液と竹灰の採取であるため、片寄った炭化法になる。

竹酢液の採取量を多くするためには、生青竹を使用する。しかし、採取量は増えるが、温度操作が円滑にいかない。熱分解の終了する150℃付近（排煙口）までは緩やかに温度を上げて採取量を増やそうとするのであるが、まず点火時間が長く着火に手間どる。次いで温度の制御にてこずる。採取終了後は灰にするから、温度を上昇させて燃焼させせなければならないが、いくら灰にするからといっても、急激に温度を上昇させることはできない。土窯では熱に耐えられないのである。温度制御が困難なのである。

部位による3分割

このような状況の中でわかってきたことは、常識的といえる分別のやり方である。

まずは、生青竹と乾燥材に分ける。枯れ材では着火と温度の上がり具合に大変な違いがあること、地上部と中稈と末梢部では割れの入り方にも違いがあること、竹炭の質に差があること、窯の中の位置が同じ場所でも地上部と末梢部ではやけ方に違いが出ることがわかってきた。

　私の住んでいる福井県小浜市は、箸の産地である。塗り箸の90％は、この地域で産出されている。従って竹の生地屋さんが多い。その作業を見学していると、長さ8mくらいの青竹の第1節または、2～3節目あたりから1～1・5mあたりで切断して外

炭材用に切断し、乾燥させたモウソウチク

割って結束、乾燥させる

根元をチェーンソーで切り出した竹

す。末梢の径6㎝くらいまでも箸生地の材料として使用し、他は別の用途材として分別している。その理由を尋ねると、材料加工するのに適、不適があるという。節間の長短もあるが、要求される条件は材がかたく、緻密で割裂性に富んでいることだ。モウソウチクでは地上部から1～2m当たりの間に必ず「くびれた」部位があり、このあたりが箸生地の適材と不適材の境界になる。組織が違ってくるのか、切断するときのノコ刃の感触でわかると教えられた。

私も一連の炭化の流れのなかで漠然と、一本の竹でもそれぞれの部位によって異なった材料特性を持っていると感じていたものだが、後日、このことは科学的に説明されることになる。

そこで地上部1mを根稈、第1枝までを中稈、末梢部を先端稈と名づけることにした。この分別法は炭化前処理時の燻煙に応用され、含水率の均一化に役立っているし、炭化時の発熱ピークの重複が避けられ昇温速度の制御が容易になった。

箸生地の職人さんの分別法は理に適った仕分け法であることを感心させられる。

竹の欠点を克服するための伐採から結束までの作業

鳥羽　曙

伐採と搬出

炭材としての竹林伐採は、間伐法が一番適しているように思う。竹林保護という意味においてもそうだが、竹材を選別して伐採できるからである。

現在は、竹と名がつけばなんでも竹炭という時代ではなく、材の選択が云々される二次製品が開発されており、出発原料である竹素材そのものの履歴が問われる。工芸的な竹炭の場合、竹材の姿・形状である程度の見極めがつくが、竹炭にする場合、その硬軟や適不適の判定までは研究が及んでおらず、経験則に頼るしかないのが現状である。

伐採時期は、適期伐採が最適である。地域によって季節性があるが、当年竹の巻き葉が完全に開けば適期になったと考えていい。筆者の地方では8月中旬である。この時期からたけのこの準備に入る12月中旬までを適期と考えたい。それ以降になると、含水率が高くなって約2倍近い重量になるので、人力に頼る搬出は重労働になる。

搬出方法は、地理的な条件と搬出量によって決まる。架線、重機、人力による搬出方法があるので、それぞれの条件で対応すればよい。

材としての竹の欠点

竹炭が社会的に認知されるにつれ、そして研究が進んでくるにつれて、それまで不明瞭で大雑把な形でしか把握されていなかった竹炭の物性、性状、そして竹材の形状等の評価の輪郭が明らかになってきた。その半面、欠点も目立つようになってきた。

その最たるものは、竹材切断時の労災事故である。その欠点をなくし、防止し、その対応を考えねばならない。それとともに、社会を意識したとき、若年者と女性の雇用問題が生じ、そこには当然、安全対策が最優先課題として浮上してくる。

当初の丸ノコ刃は半径が30㎝もあって、熟練した職人さんでも指の切断事故を起こした。それにもましてモーターの回転と刃のうなり音が高く、未経験者や女性の就労を考えると、いっそう事故防止対策と切断機の改良が緊急課題となってきた。

竹は利用価値の高い材である半面、性悪で複雑で実に扱いにくい材料である。竹を割ったような性格とは真っ赤な嘘である。それらの欠点をあげると次のとおりである。

①青竹は丸く回転する。
②節があるため不安定である。
③表面にワックス成分が含まれていて滑る。
④繊維強度が強く異方向性が強いため、繊維に沿って割れが入る。
⑤でんぷん成分が多く含まれていて、切削性能を早期に低下させる。

切断方法を新規開発

このような欠点によって起こる労災事故を防止し、また竹炭の形状を美しくやき上げるためには、原料竹の段階で切断小口に欠けの出ない切削法と装置が必要となってくる。

この欠けの出ない切削法を開発したところ、作業で切断時の安全性が確保されて未経験者でも作業能率を上げることができたばかりか、切断コストが下がる（手回し切りの約6倍）、といった大きな利益を得ることになった。また、竹炭になった場合、竹炭自動切断機との連動ができ、欠けがないため一工程が省かれ、竹炭に欠けがなく仕上がりが美しい、といった効果も生まれた。

この切削法は、竹を移動させて切断するのではなく、竹材を固定して、竹材の外周に沿って丸ノコを回転させる方法である。この切削法の開発は世界に類例がなく、英国オックスフォード大学で成果を発表する機会を得た。

竹材とか竹炭にかかわる業界は、計測とか切削とか、その他諸々の専門的機器のない珍しい業界であった。そこでもうひとつ開発したのは、竹炭の自動式切断方法である。これも世界に類例がない自動落下方式で、竹炭の原形を保持した状態で所定寸法に

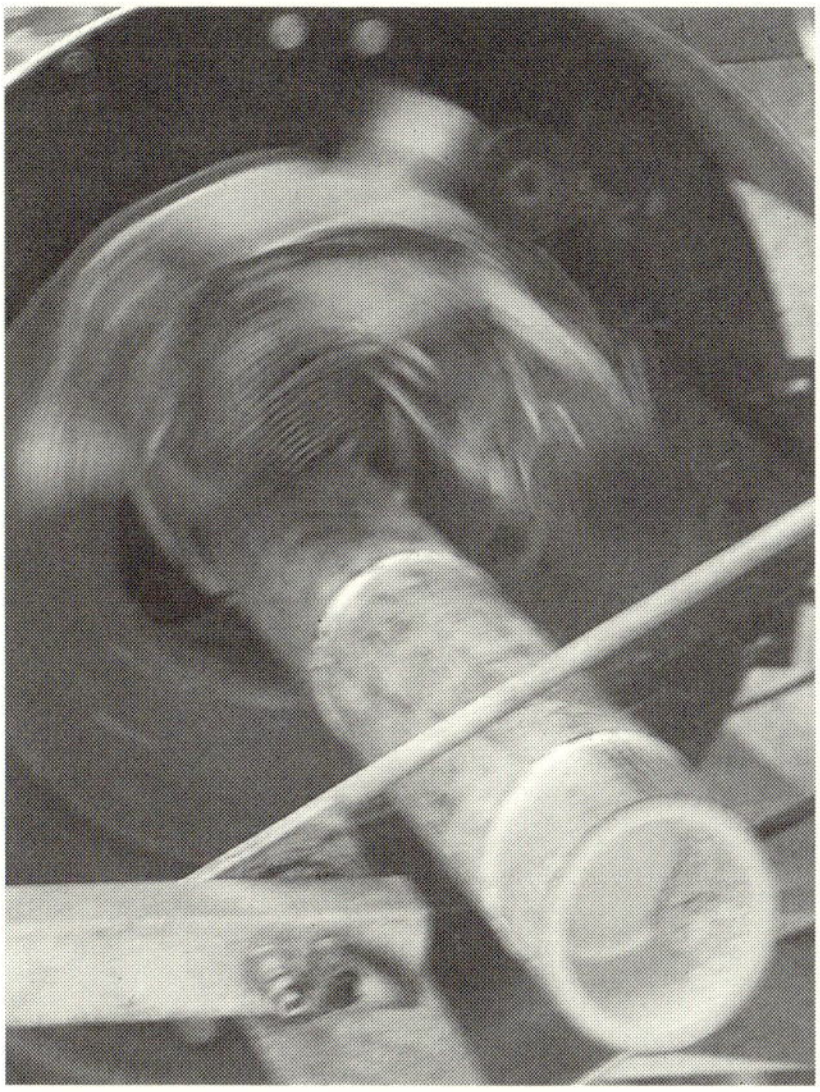
竹材の外周に沿って丸ノコを回転させる

原料竹の切断機を改良し、作業能率をアップ

切断できる装置である。

これらは、福井県産業振興財団の助成を得て、名古屋大学農業部、丸大鉄工㈱の協力を得て開発されたものである。

水分含有量と割れ

竹炭を始めた当初、竹の持つ特異な材料特性を上手に利用したさまざまな加工品や、またそれにまつわる文献を目にすることはできた。しかし、複雑な性質ゆえに敬遠されていたのか軽視されていたのかわからないが、工業的な利用法について、また機械的・物理的・化学的性質の利用についての研究や文献は目にすることができなかった。

竹炭をやくようになって気づいたことに、竹の炭化時に起きる割裂性の割れがある。

木炭の場合、木炭炭化の前処理として葉枯らしがある。生長が止まる時期に根切りして1カ月程度すると、含水率が30～40％くらいになる。窯に炭材を立て込んで蒸煮（口焚き）を4～5日行えば、良質の木炭が得られることが報告されている。

炭にしたときの割れの違いは、木と竹の組織構造の違いによる。しかし、木材には含水率を計測するテスターはあるが、竹にはない。後年、則元教授（現在、同志社大学工学部）に指導を受けてオーブンを導入することになるが、現在も竹の含水率の測定はオーブンで行っている。

木材含水率は樹種で異なるが、部位では大きく変化しない。竹は各節間と部位によって異なる。

実証実験により分割法を導入

試行錯誤の連続の中で、「竹が割れるのは筒の中（節間）の空気が熱で膨張するから」という珍説が飛び出た。そのため、ドリルで一本一本穴を開けたものであるが、実は平板状にしても割れるのである。

その中で、次のような面白いことに気づいた。

①丸竹よりも割り竹は乾燥が早い。

②丸竹のままよりも丸竹の節（隔壁）を抜いたものが乾燥が早く、また節間の長いもの（隔壁の数の少ないもの）が早い。

③地上部より末梢部へ部位が移動するほど乾燥が早くなる。

そこで、丸竹と節抜きと割り竹、地上部と中間部と末梢部に分け、それぞれ組み合わせて5束ずつサンプルをつくり（丸は1束3本、割り竹は1束12枚）、重量を計測してみた。1カ月目はは10日ごとに、二カ月目は7日ごとに、3カ月目は日々の変化を調べた（表1）。

この竹材は8月中旬に伐採したものであるが、虫害を受けた。割り竹で乾燥結果を示したが、6カ月経過後の炭化作業の計測では、丸竹は地上部、中間

乾燥後の丸竹と割り竹を炭化。乾燥度にもよるが、割竹は割れが出にくい

表1　割り竹の乾燥期間と炭化結果

	1カ月	2カ月	3カ月	4カ月	5カ月	6カ月（炭化結果）	虫害
地上部	変化なし	減少	減少するが大きな変化はない	減少するがバラツキが大きく平均化できない	平衡状態	節部表面に割裂性割れがある	被害有
中間部	減少	減少	バラツキ少	平衡状態	雨天増 晴天減	割れ無	被害有
末梢部	減少	減少	平衡状態 雨天増加	雨天増加 晴天減	雨天増 晴天減	割れ無	被害有

部、末梢部では割れ方に大差が出た。節抜きしたものは形状を保持できるが、割裂性の割れが出た。節の表面部分にも割裂性の割れが多く出た。

地上部を1年目に炭化しても、節部分表面部分に割れが入った。この地上部の材は2年目に炭化して初めて割れのない竹炭にすることができた。

当時の炭やきは、含水率を特定する方法はおろか測定する方法すらなかったので、時間はかかるが実証的な方法でしか確認することができなかったのである。

この時点で、割り竹にして結束すれば、乾燥日数によって乾燥度を特定できることになった。地上部で5カ月以上、中間部で4カ月、末梢部で3カ月以上乾燥させれば割れが出ないことがわかり、3分割させればよいと結論づけた。また、地上部を根稈、中間部を中稈、末梢部を先端稈と名づけることにした。

虫害、カビ害を防ぐ燻煙と保存

炭化時の割れの防止は含水率を15％以下に下げることで解決したが、割れ以外の問題はそれで解決し

虫害を起こすベニカミキリムシ（中央）

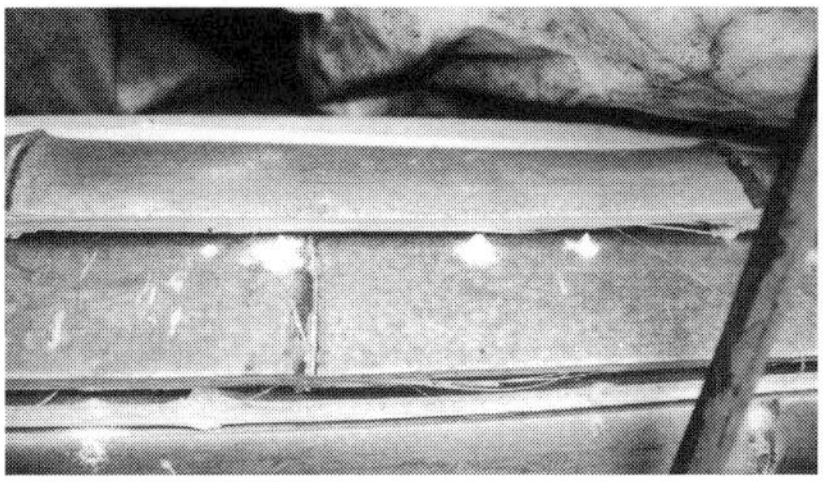

粉末状の虫害痕

カビ害を受けた竹材

たことにはならない。

まず、かたい引き締まった竹炭になるか、軽い竹炭になるかの問題が残る。乾燥のみでの竹炭はやわらかく、生材を蒸煮処理すればかたい竹炭になることがわかってきた。

一定の竹材を貯蔵しようとすると、虫害とカビ害が問題となる。竹炭で備蓄しようとすると窯の数を増やさなければならないし、作業場所の確保と作業員の雇用問題が登場してくる。

解決策として、炭材を蒸煮脱水と同じ状態にして保存すればと考えだされたのが、燻煙熱処理と呼ばれている方法である。従来炭化窯の中で実施されていた蒸煮法を、別の専用窯を築窯して実施することにした。この方法だと、保存施設のみで虫害とカビ害が解決する。

木材と違い、竹材は細く、また滑るために、結束しないと作業性が悪くなる。当初はワラ縄であったが、すぐに腐って役に立たない。ビニールひもを使用すると竹酢液に影響する。麻ひもも6カ月すると腐る。しかし綿糸は1年以上耐えることがわかった。

竹材の形状と炭化装置・竹炭の用途の関係

鳥羽　曙

炭化装置と形状の関係

竹材の形状というと、利用目的別に竹材の形状を分別しているように理解されがちだが、この場合、炭化装置に適合した材料としての竹材の分別と捉えたほうがよい。

竹炭の用途利用は、形状が必要なものと、必ずしも必要としないものがある。また包装によって欠点をカバーする方法もあるし、形状を持つことが弱点になる場合もある。形状を持つことによって特性が機能する場合もあれば逆の場合もある。燃料炭を例にすれば、形状を必要とする燃料用と破砕して使用する燃焼用があるようなものである。

竹炭の用途別利用法の主なものをあげてみると、燃料用、土壌改良用、調湿・除湿用、鮮度保持用、水質浄化用、飲料用、炊飯用、風呂用、脱臭・空気清浄用、寝具用、電磁波遮蔽用、生理機能活性用、複合体材料用、化粧品用、工芸品用と、多種多様である。

利用する目的はそれなりの効果と効能を期待しているのだが、利用しようとする竹炭が果たして満足できる機能を持つかとなると、甚だ疑問である。筒状、平板状、チップ状、破砕状などの形状によって炭化装置、炭化法が異なるし、またそれに伴った炭化速度も異なってくるからである。また、目的別の竹炭のやける炭化装置と炭化技術が存在するかとなると、また疑問である。

在来法による炭化の場合、炭材としての形状確保が条件になるのに対して、大量生産を目的とした流動式の固定炉、回転炉、平炉等はその目的と機械装置の特性上、チップ状、粉末状に破砕しなければ炭化できないことがある。

土窯と一部機械炭化炉は装置、器具を用いれば破砕状のものも炭化可能である。

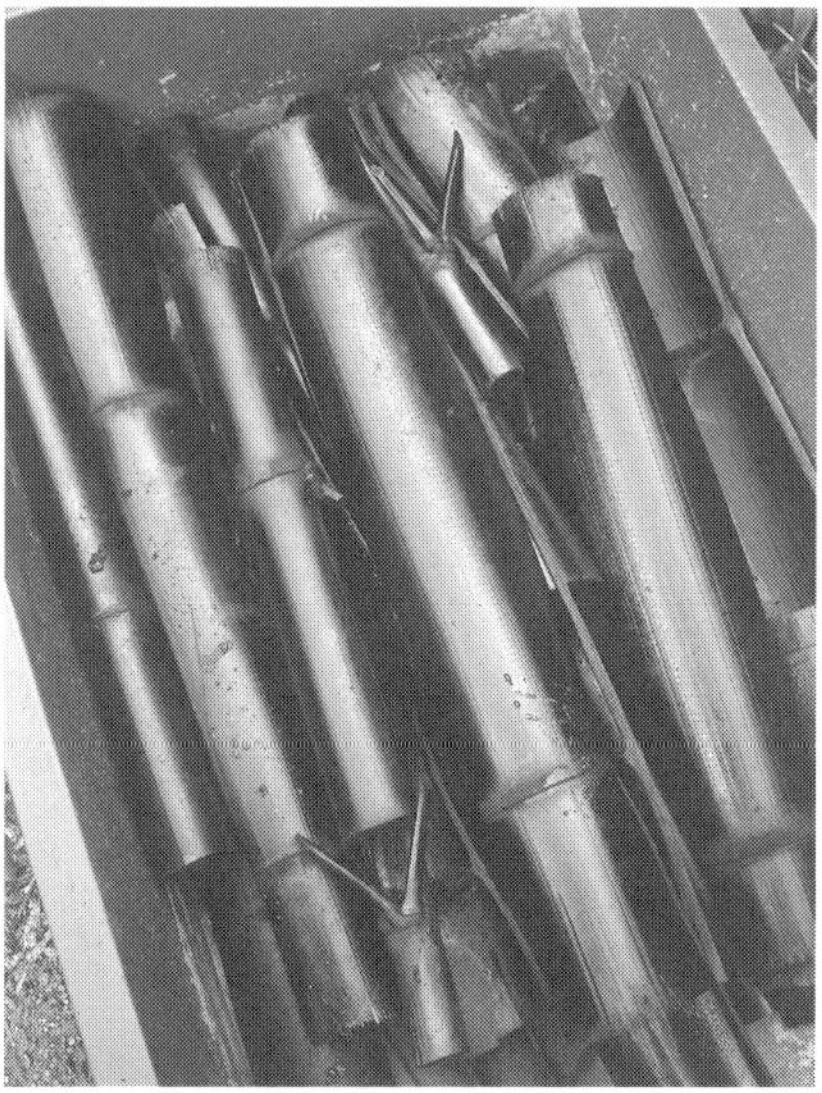

丸竹を炭化。窯から出す

炭化したばかりの割り竹

竹炭の用途と形状

用途別に捉えれば、多様化した用途の中で形状が必要なものは工芸用、竹炭単体で用いる燃料用や炊飯用で、これ以外は包装することで使用可能となる。

中空円筒状の組織構造、傾斜した材料特性を持つ竹は、表皮側と内層側で物理的、化学的な性質が異なっている。とくに稈表皮は特異な性質を持っている。工芸用竹炭、筒状・平板状竹炭はこの表皮部分を大切に扱うのに対して、破砕状のものは無視していることになる。破砕状の多くは炭化装置の特性上、燃焼の伴う炭化法にならざるを得ない。

いまひとつ理解に苦しむのは、白炭やきした竹炭という宣伝文句である。白炭ならば表皮部分は燃焼によって消滅しているし、何が特徴の竹炭なのか、ちょっとわからない。用途に応じて云々は、機能を引き出すための分別ではなく、炭化装置に応じた材料分別と考えていただきたい。

竹材保管のための燻煙熱処理と気乾

鳥羽　曙

燻煙熱処理の方法

燻煙熱処理は、木質系材料を燃焼させた熱と煙で炭材を燻すことである。材料中の水分で発生させた水蒸気で乾燥を促進させるので、直接加熱の乾燥法といったほうがよいと思う。

この方法が開発された初期の燻煙窯は対流方式だったが、研究の進行とともに、燃焼室が燻煙室より下部の煙の立ち上げ方式に変わり、材の置き方も、垂直方向でも水平方向でも立て込み可能となった。

煙と熱は水蒸気とともに燃焼ガス化して充満するため、ススの付着と発色は均一化できるが、含水率の均一化は不完全で気乾工程が必要である。この原因は竹の材料特性である隔壁が障害となって水分移動ができないからである。

ちなみに、4分割した平板状の竹と筒状の竹（同一の径）では、含水率が同一になるのに約2倍の日数の差が必要である。また根稈と先端稈ではその差は大きく、注意が必要である。

もうひとつ大事な要素は、乾燥材よりも青生材のほうが作業は容易であり、有利であることである。水蒸気による乾燥が主目的だからだ。竹材は熱によって水分や抽出成分の放出と樹脂化が始まる。窯の中は水蒸気で飽和状態になっているため、長時間の加熱でも炭化を誘発する発熱反応が起こらない。

燻煙熱処理の効果

燻煙熱処理をすると、ススが均一に付着するとともに、材の色も褐色または黒褐色になる。つまりスス竹に変わったことになる。含水率もバラツキはあるものの、低くなっている。

スス竹になったということは、カビが発生しにくい状態になっているということである。

通風と乾燥に注意すればカビは発生しない。含水率も2分の1から3分の1あたりまで減少しており、あとは気乾で炭化適材の含水率になるまで日数を調整すればよい。

含水率が20％以下にならないと、炭化時に窯の中で必ず割れる。また生材も、加熱して20％に近づくと割れる。割れないようにするには昇温速度と水蒸気が影響していることを考慮して作業を進めたい。

虫害に対応できる防止策としての燻煙であるが、材の温度が１００℃あたりになると、自由水の放出と化学反応が進行して変色が始まる。１５０℃に近くなると結合水の放出と化学反応が進行して、褐色から黒褐色または黒色に変わる。材中温度をこれ以上上げないことが大切だ。水蒸気が充満しているから発熱しないものの、危険域に入っている。竹材は木材よりも早く、１８０℃付近で発熱するからである。しかし、１５０℃以下の状態の中で熱による物質変換が１００％行われたとはいいがたく不完全で、虫害に対応できる状態ではないといえる。

したがって虫害の対応には、燻煙熱処理と適期伐採との併用が好ましい。

水平と垂直

竹は、隔壁が障害になって水分移動に時間が必要であり、とんでもなく厄介な材料である。また、割り材と筒材で乾燥速度が異なるとともに、水平か垂直の位置関係によっても異なってくる。

木材の場合は、大型で対流方式と下部導入方式でどちらが有利か不利かはわからないが、いずれも材の位置関係は水平である。竹炭の場合は、材の取扱いの関係上１㎡前後になるため、水平、垂直のいずれも可能である。竹材の乾燥を主とした場合、下部導入方式では火災事故が多いという指摘と竹炭にするという目的上、また蒸煮、脱水理論の導入ということもあって、対流方式を採用している。

この方式の欠点は、窯内温度分布のバラツキが大きいことである。そのため水分移動が確実にできない一面がある。つまり垂直の場合、上、中、下と含水率にバラツキがあることになる。水平の場合だと垂直に比べてその差は小さいが、窯内で積み上げた下部では乾燥効果はほとんどない（ただし積み上げ

燻煙処理後、自然乾燥させる

燻煙処理をし、炭化の歩溜まりをよくする

た高さによる）。いずれの場合でも効果を期待する場合、打ち返し、または天地返しが必要になる。
　対流方式の燻煙窯は、水平でも垂直でも窯内での水分移動の確率が低く、効果のバラツキが大きい。新しい方式の燻煙窯は水蒸気を発生させる装置があるため、下部導入方式に変わってきている。窯の構造が変化すれば水平、垂直の問題はなくなると考えられる。

燻煙と気乾による含水率の調整

　炭やき（竹炭）が含水率や乾燥にこだわるのは、乾燥処理の方法によって竹炭の炭質が変化するからである。割れた竹炭は値が安いのだ。そのために割れない方法、砕けない方法、つまり形状保持と防止のための前処理と炭化法を考える。厄介極まる材料特性を持つ竹とつき合うのに、基本的知識の必要性はいうまでもないことである。これが欠如していると無駄な回り道をすることになる。

　炭材としての竹材は、形状をチップ状、板状に割る、筒状のまま、の3種類に大別できる。在来法による炭化の場合、チップ状のものは除外してよい。

乾燥は木口面からが主で、割るか、隔壁を除くか、内皮層を削除するか、表皮層を削除するか、そのいずれかを実施しないと水分移動はほとんど行われないと考えてよい。

稈の地上部と中稈部、そして末梢部では含水率が異なるし、比重も異なる。このため炭質も異なることになる。炭材としての竹材は平板状と筒状に分けられるが、乾燥速度は異なり、その差は約2倍となる。部位によって、その差はもっと大きくなるし、同じ筒状の径のものでも、隔壁を除いたものと除かないものとの差も約2倍となる。稈の部位によってもその差は大きい。竹材の燻煙熱処理法では、含水率を均一化することは難しい。

そこで、気乾工程を用いて、含水率の調整を行う。前述したように部位によって異なるため、部位別のグループに分ける必要がある。

根稈（第1～10節当たり。地上高1～1・5m）、中稈（第1枝まで）、先端稈（第1枝～末梢まで）に分けて燻煙を行う。燻煙日数は筒材・割り材、ともに通常は根稈7日、中稈で5日、先端稈で4日くらいであるが、工芸用竹炭など炭化の目的によって日数の調整が必要である。気乾日数も概ね2～4カ月程度である。そうすることによって、炭化条件の竹材含水率を15％以下に設定できる。

保管のための必要事項

保管の目的は含水率が均一化するまでの保存と、その後の虫害とカビ害防止であり、それなりの施設が必要である。

含水率の均一化には燻煙後の含水率の測定が必要であるし、それに基づいた気乾、日数の算出が必要である。あらかじめデータに基づいた基準をつくっておくといい。保管場所によって、また気象条件で違うからである。虫害は、適期伐採と燻煙を併用しないと防止は難しい。カビ害は、通気が完全に行われれば防止できる。

従って保管には、生産量の算出と燻煙能力と技術に見合った材料の購買能力、買い入れ後の保管能力、処理能力を勘案した保管面積が必要になる。

第３章

竹炭の主な窯・炉と製造のポイント

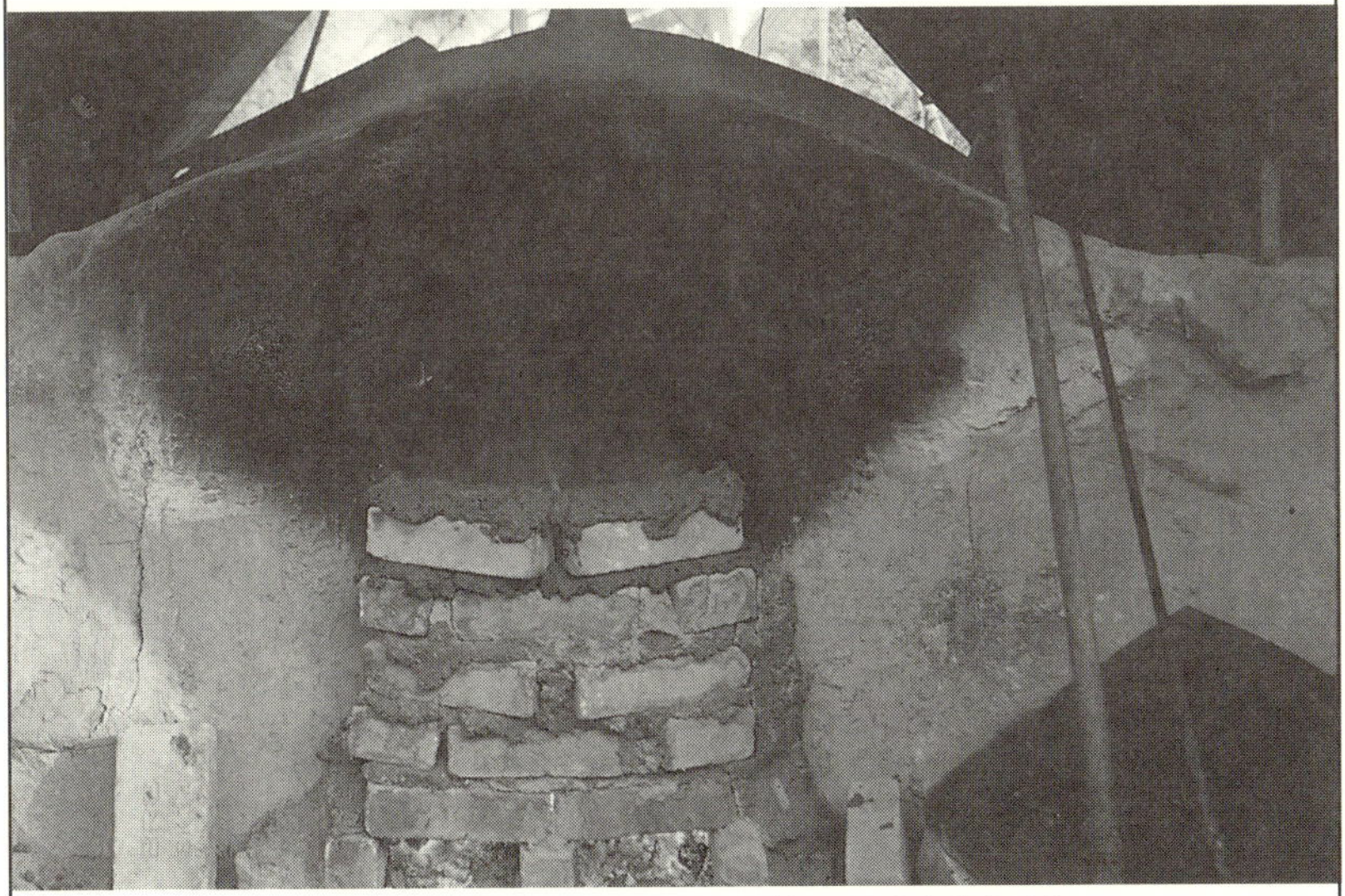

土窯に炭材を入れ、炭化させる（身延竹炭企業組合）

竹炭の主な製造装置と生産工程の基本

鳥羽　曙

主な製造装置

竹炭をやく目的には、次の3通りの流れがある。

①昇温速度と形状に関係なく、炭素固定率の高いものを大量につくる。

②昇温速度をゆるやかにして、竹炭の形状を確保する。炭素固定率は高いが生産量は少量である。

③そのどちらにも属さない単なる炭をつくる。

これらの目的に応じて、次のような竹炭製造装置がある。

①簡易炭化炉（ドラム缶、移動式炭化炉、オイル缶など）——竹材の形状が必要。

②土窯（白炭窯、黒炭窯）——竹材の形状が必要。

③機械式炭化炉（バッチ式、密閉式、トロリー式、撹拌式）——竹材の形状が必要なものと不要なものがある。

④大型炭化炉（ロータリー式、揺動式、流動床式、スクリュー式、撹拌式）——竹材の形状不要。

⑤平炉（定置式、コンクリート製）——竹材の形状

竹炭専用の土窯（小浜竹炭生産組合）

表1　炭化法の特徴と炭化装置

プロセス／炭化法	着火まで	熱分解	炭化	終了	特徴	形状	炭化装置
在来式	外部より加熱	自発炭化	炭材の一部燃焼熱	空気の遮断	緩やかな温度上昇	原型保持	簡易炭化炉、伏せやき、土窯、一部機械窯（バッチ式、密閉式）
機械式	外部より加熱	外部加熱	外熱との燃焼熱	強制消火	急激な温度上昇	破砕状	機械式、大型炭化炉、平炉
密閉式	外部より加熱	外部加熱	外部加熱	空気の遮蔽と加熱停止	緩慢な昇温	原型保持	耐火煉瓦製、鉄製、キャスターブル断熱

表2　炭化法による温度・時間・形状など

プロセス／炭化法	熱分解	温度上昇速度	時間	温度制御	形状・外観	機能
在来式	（発熱体）自発炭化	初期（24～48h）0.3／min以内	72～96h	水蒸気制御（空気）	原型、微細構造の保持	界面的性質と細孔は発達する
外熱式炭化法	（発熱体）外熱加熱	急激	急激	燃焼制御（空気）	表面の損失微細孔構造崩壊	界面的性質と細孔の発達は弱まる
外熱式炭化法	（発熱体）発熱制御（密閉式）	緩慢	450～950h	発熱制御	原型保持硬質化	硬質化

不要。

⑥伏せやき（地面、排水のいい場所、風の当たらない場所）——竹材の形状が必要。

炭化材料の立場から考えると、装置によって炭化がしやすい材料と難しい材料がある。炭化材料の特性を考慮して装置を選択する必要がある。逆に装置の立場からすると、その装置に見合った炭化法と原料が必要になってくる。

炭化のプロセス

炭化のプロセスは2通りに大別される。在来炭化法またはその援用と、燃焼を主とした燃焼制御方式である。

有機物であればなんでも炭にすることができるが、でき上がった炭は万能ではない。それぞれ特徴を持った炭になる。したがって、特定機能を目的とした大量の工業的生産方式以外の炭は、炭化法とそれに見合った装置が必要であり、原料の選定が必要である（表1）。

生産工程の基本

炭の特性である機能の発現について確認されていることは、加熱温度とその上昇速度によって所定温度ごとに異なってあらわれることに異論はないと思う。そのためには、在来炭化法にこだわりたい。

特性に視点を置いて炭を考えた場合、在来法は無論のこと、機械窯、その他の炉も避けて通れないのが、熱分解の過程である。その通過過程の時間の遅速と、自熱か外熱か等の条件によって異なった機能があらわれる。また、これらの炭化法とは異なった、炭材の美術工芸的な視点からの原型保持が優先する炭化法が開発されている。

表2にみられるように、在来法の生産工程の基本は、ゆるやかな温度上昇である。温度上昇の制御は窯内水蒸気で行い、時間当たりの上昇速度は毎分0・3℃以下が基本になる。形状、外観、機能、そして炭化温度のバラツキをなくして均一化を図るためには、生産工程のマニュアル化が必要になる。図1は、その竹炭在来法による全工程図の例である。

図1　竹炭生産工程（小浜竹炭生産組合の例）

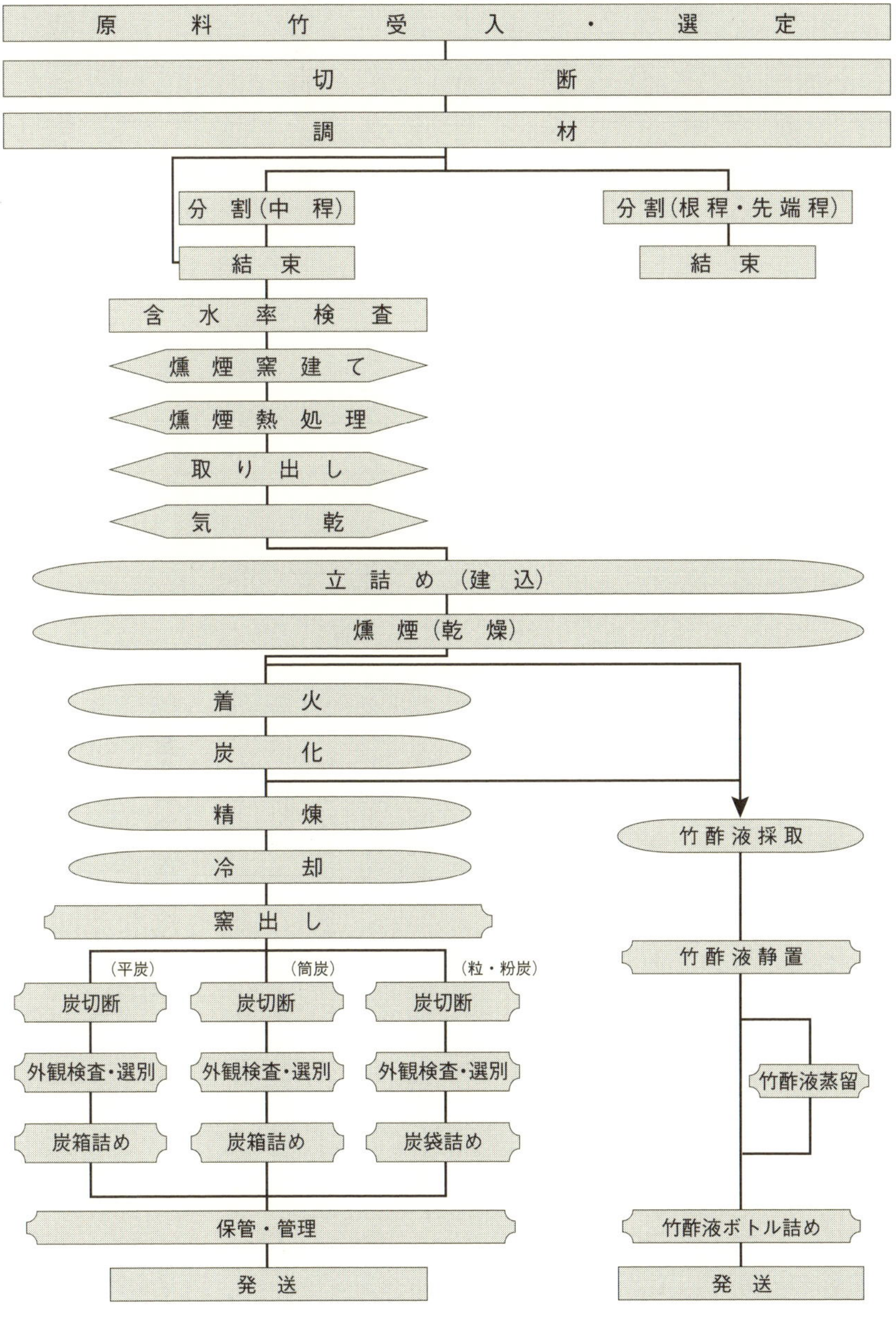

◆簡易炭化炉
ドラム缶窯(横置き式)

高橋哲男

最も手軽な形式

庭先や空き地、野原などのちょっとしたスペースで、誰にでも手軽に炭やきを楽しめるのが、横置き式のドラム缶窯である。手軽とはいえ、品質のよい竹炭をやくことも可能だ。やける量は多くないものの、炭化時間も8~12時間と短く、半日あれば炭がやけてしまうのも横置きドラム缶窯の魅力である。

横置き式のドラム缶窯は、本格的な炭やきというよりも、森林ボランティア団体などがイベントで炭やき体験を行う、といったようなシーンで活用するのに向いているだろう。

この項では、横置き式ドラム缶窯の製造法と炭やきの方法を簡単に紹介する。さらに詳しく知りたい方は、『エコロジー炭やき指南』(岸本定吉・杉浦銀次・鶴見武道監修、創森社)などを参考にしていただきたい。

横置きドラム缶窯をつくる準備

まずは、本体に使うドラム缶が必要である。ドラム缶は、燃料店やガソリンスタンドなどで、2000~3000円で購入できる。行きつけのガソリンスタンドがあれば、使い古しのものを無料で分けてくれるかもしれない。一般的な鉄製のものだと耐用年数は3年ほど。ステンレス製のものであれば、さらに耐用年数は伸びる。

使い古しのドラム缶を入手する場合、内部に石油が気化したガスが残っていることがある。ガスが残っていると、製作の工程でドラム缶を切るときに引火して爆発する危険性がある。こうした事故を防ぐためには、使用する前に満タンに水を張っておくか、油性洗剤で内部を洗っておくとよい。

窯口には石油缶(一斗缶)を使うので、これも用意する。ドラム缶と同様に、燃料店やガソリンスタ

焚き口用の石油缶（一斗缶）

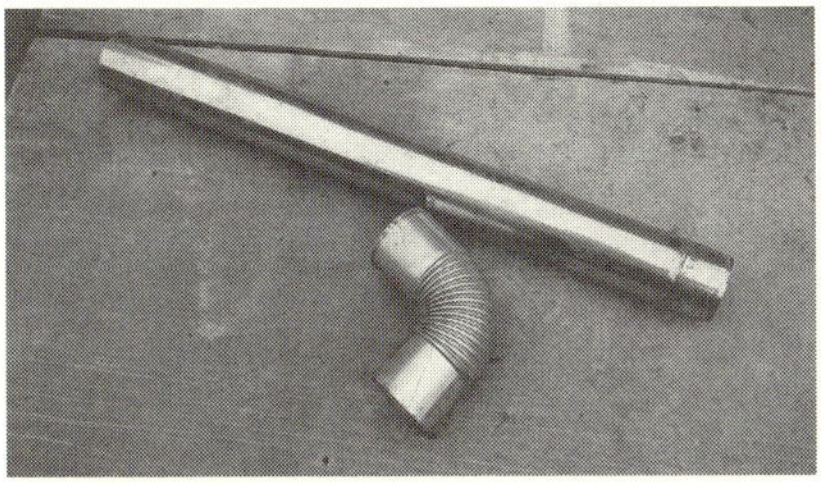
ステンレス製の煙突

窯本体となるドラム缶

ンドで手に入る。これも、ガス抜きのために事前に水を張っておくとよい。

ドラム缶窯には、煙突も必要だ。煙突は、風呂釜などを扱っている金物店やＤＩＹショップで手に入れることができる。

市販のステンレス製煙突を利用する場合は、長さ１ｍの真っすぐなものと90度に曲がっているものを組み合わせてＬ字型にするか、三つ口になっているものとを組み合わせてＴ字型にする。いずれも、直径は最低10㎝が必要だ。また、モウソウチクなどを煙突に利用するときも、やはり直径10㎝はほしい。

窯の底に敷くロストル用に、太さ１㎝くらいの鉄の棒も用意しよう。長さ80㎝のものを３〜４本、30㎝のものを４〜５本用意すればよい。これらを格子に組むための針金も必要だ。

石油缶の焚き口をガードするために、ブロックとレンガを利用すると便利。ブロックなら６個、レンガは５〜６個あればよい。また、窯本体を安定させるための木杭も４本用意しよう。

その他、ドラム缶を切るための道具として平たがねと金づち、石油缶を切るための道具として金属用はさみが必要だ。電動サンダーかグラインダーがあれば、なお便利である。また、地面を掘るためにスコップや鍬も用意する。

横置きドラム缶窯のつくり方

本体をつくる

まずはドラム缶の底に煙突を当ててサイズを線引きし、煙突を差し込むための煙突口を開ける。このとき、煙突を楕円形に変形しておくと、ロストルをより低い位置に設置でき、多くの炭をやけるようになる。

次に、ドラム缶の蓋をはずす。この蓋は、あとで窯口に利用するので取っておく。

ここまでできたものを横に寝かせれば、本体の完成である。

窯口をつくる

はずしたドラム缶の蓋に石油缶を取り付けて、窯口とする。このとき、ドラム缶の蓋の口の部分が上になるようにする。

まずは、ドラム缶の蓋の縁から2㎝くらいのところに石油缶を当て、線引きをしてから切り取る。石油缶を差し込んだときに隙間があると、あとで塞ぐのに苦労をするので、なるべく正確に線引きをすることがコツだ。

石油缶は、蓋は切り取り、底板は下の3分の2を切って上に折り曲げる。

石油缶の底板を手前にして、石油缶をドラム缶の蓋に差し込む。2㎝くらい差し込めばＯＫ。これで窯口も完成である。

材料を詰め込んだあとで本体に取り付けるために、ドラム缶の蓋の口に針金を通しておく。本体には、この針金に対応する位置に、針金が通る穴を開けておく。

煙突を取り付ける

L字、もしくはT字に組んだ煙突を、本体の煙突口に差し込む。このとき、煙突の長さは1ｍはほしい。

竹酢液を取る場合は、煙突の排煙口の先にもう一本長い円筒を取り付け、20～30度の傾斜をつけて安

横置きドラム缶窯の完成

窯本体の蓋をつくる

ロストルを組む

定させる。75～150℃になったときの排煙をこの円筒に通すことで、空気に触れて冷やされて竹酢液がしたたり落ちてくるという仕掛けである。もちろん、下には竹酢液を受ける容器が置けるようにしておく。

ロストルを敷く

針金を使って鉄棒を格子に組み合わせてロストルをつくり、窯の底に敷く。このとき、ロストルの位置が煙突口のすぐ上で平行になるように調整する。ロストルが煙突口より下になると排煙がうまくいかなくなるので、ここは慎重に。

窯の位置を決め、本体を固定する

まずは風向きを調べ、風向きの方向に縦2m、横1m、深さ30cmくらいの穴を掘る。

この穴に、窯口が風上になるように本体を置き、両脇に2本ずつ木杭を打ち込んで安定させる。このとき、杭に横木を渡せば、安定性はさらに増す。

材料を詰め込む

ここまで窯をつくったら、次はいよいよ材料を詰め込む。

材料としては、できるだけ乾燥した竹を80cmの長さにそろえておこう。これをロストルの上にぎっしりと詰め込む。ぎっしりと詰め込むためにも、材料は割っておいたほうが効率がいい。

一般的な炭窯では上部は灰になりやすく、下部は未炭化の部分が多くなるといわれる。炭になるのは、中央の部分である。

窯に蓋をし、目張りをする

材料を詰め終わったら、事前に取り付けておいた針金を使って、窯口付きの蓋と本体を結びつける。

目張りには、水で練った土を使う。こぶし大の土団子がつくれるくらいに練りあげたら、この土団子で窯口に石油缶を差し込んだ隙間と、本体に蓋を取り付けたときの隙間を埋めていく。炭化中に煙が漏れないように、ここは入念に作業をすることが大切だ。

窯口を支える

炭やきを終えたころには、石油缶の窯口はヘロヘロになってしまう。そのために、用意したブロックかレンガを窯口の両脇に置いて、窯口を支えるようにしておく。

土で窯をおおう

最後に、穴を掘ったときの土を、窯をおおうようにどんどんかけていく。窯の後方は煙突が10〜20cmのぞくくらいまで、前方は窯口近くまで土がかかるように、全体として10〜15cmくらいの厚さになるようにする。この土は、窯の熱が逃げないための断熱の役目を果たすので、とくに冬場は、なるべく乾いた土を使うのがポイントだ。

横置きドラム缶窯での竹炭のやき方

窯口で火を焚き加熱する

窯口に枯れ葉や細い枝などの燃えやすいものを置いて火をつけ、詰め込んだ材料の下部の燃えやすい部分に引火するように、うちわなどであおぐ。火がつくまでの時間は、風の強さや風向きなどで千差万別だが、冬場などは1〜2時間は窯口で火を焚くことになるだろう。

材料の下部に火がつくと、煙突から煙が出始める。最初は水っぽい煙で、手をかざすと水滴がつく。や

窯内から竹炭を取り出す

炭材をぎっしり詰め込む（大学セミナーハウス）

口焚きし、加熱する

がて窯の温度が上がり材料のセルロースが分解されてくると、焦げ臭い白い煙が出てくる。煙突の約10cm上に手をかざしたとき、我慢できないくらいの熱さになれば、窯の中の材料は自然に熱分解を始めているので、加熱を止める。

窯口を絞り込み、ふさぐ

煙が白っぽくなってきたら、窯口に煙突の残りなど（要するに直径10cmくらいのものならなんでもよい）を突っ込み、上から土でおおう。

煙が青っぽくなってきたら缶ビールくらいの直径の筒に、しばらくしたらさらに細い筒に焚き口を絞り込み、そのつど上から土をかける。

火をつけてから8〜12時間くらいたつと、煙が透明になる。そうなったら、窯口を土でしっかりと完全にふさぐ。

このあと、窯が冷えるまで待てば、竹炭やきの完成である。

炭を取り出す

消火後、窯の温度が１００℃以下に冷えたら、窯口の土を取り除き、蓋をはずして炭を取り出す。

◆簡易炭化炉
ドラム缶窯（縦置き式）

高橋　弘

縦置き式は効率性を重視

ドラム缶を立てて炭をやく縦置き式のドラム缶窯は、横置き式に比べ設置面積を取らず、また自立型なので窯本体に断熱材を巻けば土留めなどの作業も省くことができ、持ち運びも簡単だ。一度にやける炭の量では横置き式に及ばないものの、熱効率が高く、窯詰めなどの作業もやりやすいので、短時間で効率的に炭やきを行いたいときには向いているといえるだろう。

ドラム缶を利用した炭窯は、加工の簡単な比較的シンプルなものから、複雑な構造を持つものまで、全国でさまざまなタイプがつくられている。この項では、より炭やきの効率化に重点を置いた可搬式のドラム缶窯を紹介しよう。

縦置きドラム缶窯のつくり方

用意するドラム缶は容量200ℓのスチール缶。最も手に入りやすい、ごく普通のドラム缶だが、できれば天板（上蓋）が金属バンドで着脱可能なオープンタイプのものだと作業が楽になる。煙突は市販の金属製（ステンレスならなおよし）で、直径9㎝、長さ1mほどのものを1本。そのほか、一斗缶、鉄筋、針金、断熱フェルトなどの資材をそろえる。工具は電動のディスクグラインダー、電動ドリル、金切りばさみ、ペンチ、ハンマー、ドライバーなどがあればよい。

200ℓドラム缶の高さは、約90㎝である。このフルサイズでドラム缶窯をつくると、窯底まで手が届きにくく、加工や窯詰めの際の作業性に難点がある。そのため、約3分の2の長さにカットする。切断箇所は、下の輪帯（ドラム缶の胴体部分に設けられた突起）の少し下あたりがよい。

次に、切断した3分の1のドラム缶から側面を3

縦置きドラム缶窯

窯内部の周壁に断熱フェルトを張りめぐらす

上蓋の裏にも断熱フェルトを敷く

～4㎝ほど残して、ちょうど丸いお盆のような状態に底板を切りはずす。窯本体の下部切断面は輪帯に近い箇所なので、底板よりもわずかに径が大きい。この差を利用して、ハンマーで叩きながら底板を本体にはめ込む。

こうしてできた窯本体の側面下部に、縦15㎝、横20㎝ほどの焚き口を切り開ける。焚き口の底辺は設定したロストルの高さより1～2㎝高くなるようにする。焚き口の内側には幅15㎝、奥行き15㎝、高さ40㎝程度の燃焼室をつくる。燃焼室にはドラム缶の端材や一斗缶などを利用するとよい。なおロストルは、鉄筋を適当な長さに切断し、格子状に並べ、交点を針金で結束してつくる。

このドラム缶窯は、煙突を窯の内部に収納する形式を取っている。その分窯内の容積が減ってしまうが、普通の煙突外付け式のように接続部分が壊れたりすることもなく、移動・設置が簡便になるというメリットがある。天板の外周に近い部分に煙突の径に合わせて丸い穴を開け、これを煙突口とする。

最後に、炭やきの際の放熱を防ぐために、窯の側面と天板に断熱フェルトを付ける。窯の外側に施す場合は、フェルトを巻いた上から金網で固定する。また内側に施すときはフェルトをサンドイッチするようにステンレス板などをかぶせて固定する。

ドラム缶窯での炭のやき方

炭やきを行うときは、まず平らで安定した場所にブロックを置き、その上に窯を据え付ける。窯底にレンガを置き、その上にロストルを設置する。この窯の場合、煙突はロストルの上に置くだけでよい。

用意する炭材は、窯のサイズに応じて長さをそろえておく。一度の炭やきで約40kg程度の炭材を詰められる。詰め方は、炭材を縦に立てかけていくカゴ詰めがおすすめだ。なるべく太い炭材を奥の煙突付近に、逆に細いものは手前の燃焼室付近に置くようにする。また、太さの一定でない炭材は、太いほうを上にして入れるとよい。

窯詰めが終わったら、煙突口に煙突を合わせて蓋をする。オープンタイプのドラム缶窯の場合は、バンドをしっかりと締める。上蓋や煙突と蓋の間に隙間があるときは、灰や土で目止めをしておく。

この縦置き式ドラム缶窯の場合、炭やきに要する焚き付けは、3～4㎝角の木切れが両手でふたつかみほどもあれば十分。焚き口から燃焼室内に段ボールか新聞紙を丸めたものを入れて点火。火がついたら細い枯れ枝などをくべ、炎が安定してきたら太めの焚き木を投入する。燃焼室で発生した熱はそのまま真上に上昇して窯内に入っていく。従って焚き口をあおぐ必要がない。口焚きの容易さも、この窯の特徴といえるだろう。

口炊きは、時折炎が上がる程度の燃焼を保つのが基本。排煙温度が80℃に達するまで約2時間を目安にするとよいが、小型のドラム缶窯では窯内温度が急激に上がってしまう場合もある。温度上昇が早すぎるようなら、燃焼室から焚き木を抜いたり、レンガで焚き口を狭くするなどして調節する。

窯内温度が約300℃となり炭材の熱分解が始まるのが、排煙温度82～83℃のとき。この時点で口焚きをやめ、以後はレンガなどで排煙口の大きさを調節して温度上昇をできるだけゆるやかにし、低温炭

炭化したモウソウチク

化を心がける。なお排煙温度を測る温度計がない場合は、排煙口に手をかざして2～3秒ほど我慢できるくらいが約80℃と覚えておこう。竹酢液の採取は、排煙温度が80～150℃の間で行うようにする。

煙突から出る煙の色が白色から青白くなり、そしてほぼ無色になってきたら、レンガと灰・土を使って焚き口を密閉する。さらにいよいよ煙が見えなくなったら、煙突に空き缶をかぶせレンガや石をのせて密封する。そのほか煙が出るような隙間があればやはり灰・土をかぶせておく。この窯の場合、炭材の乾燥具合などにもよるが、火入れから火止めまで5～8時間という短時間で行える。

窯内が冷めないうちに蓋を開けると、再び発火するおそれがあるので、窯出しはそのまま一晩置いて行う。炭化がうまくいけば、約40kgの炭材から5～6kgの竹炭がやける。

縦置きドラム缶窯のメリット

縦置きのドラム缶窯は、一度に大量の炭をやけないかわりに、炭材集めにさほど苦労することがない。朝のうちに火を入れれば夕方には窯止めという効率のよさは、休みを利用するサンデー炭やきには打ってつけだ。車での運搬も簡単なので、イベントでの出張炭やきや、学校などでの炭やき教室での用途にも利用しやすいドラム缶窯といえるだろう。

◆簡易炭化炉
林試式移動炭化炉

2名で組み立てるステンレス製

林試式移動炭化炉は、旧林業試験場（現森林総合研究所）の木炭研究者により考案されたため、この名称が用いられている。円筒状のステンレス窯を縦に3段重ねた構造を持ち、設置時の大きさは底面の直径が190cm、高さが186cm。上部には点火用の煙出しの設けられた天井板が付く。また、下部の窯の側面には8つの穴が設けられ、これが交互に排煙口と吸気口になる。排煙口には直径10・5cm、長さ1・5mの排煙塔を4本用意する。

部材一つひとつの重さが35～70kgと軽量。2人もいれば簡単に設置および撤去が可能。炭材を求めて移動しながら炭やきを行えることが特徴である。

周囲の環境変化や季節に影響を受けやすいため、炭質では土窯でやいたものには及ばないものの、窯場を好きな場所に設定できる機動性と、操作が簡単でさほど熟練を必要としない点は、この炭化炉の大きなメリットといえるだろう。

1回の炭やきで約1500kgの炭材から約200kgの炭がやけ、でき上がった炭は土壌改良材やバーベキューの燃料として十分に活用できるレベルである。また底面の直径が120cmのスリムな仕様（高さ180cm）の炭化炉もあり、1回の炭やきで約52kg（炭材は約450kg）の炭がやける。耐用年数は、双方ともに使用頻度によっても異なるが、概ね3～5年。補修をしながら10年ほどは使用可能である。

熟練度を要しない簡単な炭やき

この移動炭化炉で実際に炭をやくには、まず設置場所の条件を考慮する。ポイントとなるのは風向き、水の便、地面の乾燥度など。消防署や森林組合に揚煙届の提出も忘れないようにしよう。

炭化炉の設置場所が決まったら、整地して窯の下

炭化に要する時間は約24時間

炉壁が冷めてから炭を出す

林試式移動炭化炉

段の周囲に排水溝を掘り、窯の内側は円の中心が盛り上がるよう3％の勾配をつける。この窯底の中心に直径20㎝のくぼみを設け、その周りに敷き木を放射状に敷き詰める。中央のくぼみの周りに乾燥した杭を5～6本打ち込み、その中に細い炭材や乾燥材を立て点火室とする。点火室の周りには炭材を隙間なく立てて詰める。下段がいっぱいになったら、中段、上段と同様に炭材を詰めていく。

上段の炭材の上に、上げ木となる端材をのせ、火種を落として点火する。20～30分ほどで火が炭化炉全体に回ったら、天井板で蓋をする。この状態で煙出しの穴から勢いよく煙が出て、さらに1時間ほどたち、下部窯壁の排煙口付近まで温度が上がっていれば、点火が完了。

下段の排煙口に4本の煙突を取り付け、煙出しの穴に蓋をし、窯の継ぎ目を土や粘土で目止めする。炭化速度は通風口で調節する。炭化が終了したらすべての穴を土・粘土でふさぎ、内部を密閉して消火を行う。炭化に要する時間は点火後約24時間、さらに消火に20～30時間を要する。

◆簡易炭化炉 オイル缶窯

溝口秀士

加工が簡単で携帯可能な炭窯

用意するものは、まずスチール製20ℓ入りオイル缶。これはガソリンスタンドや自動車整備工場などで分けてもらえるだろう。そして長さ1mのスチール製煙突を2本とL字型の煙突1本。ホームセンターなどで購入できるが、資材費を安く上げたい場合は、トタン板（金属製）を丸めて煙突をつくってもよい。さらにこれらを加工するために、金切りばさみ、タガネ、ハンマー、ペンチなどが必要となる。

オイル缶の蓋がバンド付きのオープン式ならそのまま使えるが、天板をつめで固定するタイプのものは、ドライバーでこじ開けてはずす。はずした蓋の中央から離れた部分（注油口のあるものはその箇所）を、金切りばさみやタガネを使って約10cm四方に切り抜き、空気調節用の穴とする。次にオイル缶本体側面の一番下の部分を、煙突の直径に合わせて丸く切り抜き、煙突のL字部分をはめ込む。

窯止めから窯出しまで約1時間

オイル缶での炭やきに必要となる資材・道具は、炭材、鉈、ノコギリ、火ばさみ、スコップ、新聞紙、うちわ、マッチなど。窯を地中に埋めて炭やきを行うので、オイル缶の高さに合わせて穴（約40cmの深さ）を掘る。地盤のやわらかい畑や砂場、砂浜などは掘りやすいが、地盤がかたいところではつるはしなどがあると便利だろう。

次に、掘った穴に煙突をはめ込んだオイル缶窯を埋めるが、このとき煙突が風下になるようにする。また隙間に土を入れる前に、新聞紙1～2枚で窯の側面を包むようにすると、窯の保温性が高まる。

炭材となる竹は、伐採後1カ月以上かけて乾燥させたものが望ましい。オイル缶窯の深さより2～3cm短い36～37cmの長さに玉切りし、4つ割にして節

焚きつけに新聞紙をのせて着火

竹炭を新聞紙に広げる

切りそろえた炭材を詰める

を落とす。

窯詰めは、まず底部には炭材の端材などを寝かせて敷く。この部分は炭になりにくく、また炭化中に出る水分がたまる。敷いた端材はロストル（火格子）の役目を担うわけである。炭材は縦に詰め込む。このとき排煙口をふさがないように注意し、その周囲は通気を考慮してゆるく詰めるようにする。

窯詰めを終えたら、炭材の上に乾燥した小枝などを置いて点火し、煙が煙突から出るように上からうちわであおぐ。煙突から勢いよく煙が出るようになったら、蓋をして隙間から煙が漏れないよう土をかぶせる。このとき空気調節口が煙突の反対方向になるようにすること。

あとは煙の色を見ながら、レンガや鉄板を用いて空気調節口と煙突の口を徐々に狭めていく。白色の煙が青色に変化したら空気調節口と煙突を全開にして5分ほど待ち、続いて空気調節口、煙突の順にふさいで窯止めする。このあと、1時間ほどで窯内の温度が下がり炭を取り出すことができる。

◆簡易炭化炉
伏せやき

広若剛士

シンプルだからこそ奥が深い

伏せやきは最低、スコップと煙突があればできる大変シンプルな炭やき法である。地面に穴を掘って炭材を詰め、それを土で埋め戻して炭にやくだけのことだ。

しかし、だからこそ奥が深い。トラブルがあってもいったいどこが問題なのか、よほど経験を積んで煙その他の状況が読めるようにならないと、やり直しもできない。ということはトラブルが起きないように、少なくとも点火までは慎重に作業を進める必要があるわけだ。なめると必ず失敗する。だが伏せやきが上手にできるようになれば、他のやき方は簡単に感じられるだろう。

自分の五感と想像力、そして集中力でしっかり伏せやきに取り組んでもらいたい。この技術があればあなたは、世界中どこでも炭がやけるようになるのだから。

作業工程

伏せやきの工程を大まかにいうと、①伏せやき窯づくり、②窯の内部構造づくり（煙突、焚き口、敷き木ほか）、③炭材・燃材詰め、④土かけ、⑤点火・炭化作業（竹酢液採取）、⑥ねらし・窯止め、⑦冷却・窯出し、の7つに分かれる（炭材づくりは省略）。

もちろんすべての工程が大事だが、なかでも①～③を入念にやりたい。ここがちゃんとできていないと、あとからどんなに頑張っても炭がやけないからだ。逆にここがちゃんとできていれば、ほぼ成功したも同じこと。

伏せやきに関しては「はじめよければすべてよし」の気持ちで取り組んでもらいたい。次にそれぞれの工程について細かく説明する。

伏せやき窯づくり

窯づくりといっても穴を掘るだけなのだが、この穴掘りが実は意外と大事なのだ。

場所の選定

伏せやきに適した場所はまず、近所に迷惑がかからない場所であることが大事だ。これは伏せやきに限ったことではないが、近所からしょっちゅう苦情がくるようでは、安心して炭やきができない。次に周りに燃えやすいものなどがないこと。伏せやきでも、最後にねらしをきつくかけると火の粉が煙突から出ることもある。火事にならないよう水の入ったバケツなどを常備しておくのはもちろんだが、そんな場所でははじめからやらないほうがいい。

そして、穴を掘ったときに水が染み出てくるような場所でないこと。谷筋など地下水脈が通っているような場所ではどんどん窯が冷やされて、いくら窯を温めても炭にならない。しかし、消火用などに使う水は必要なので、水が容易に手に入る場所であることも必要だ。

最後に、いつも強風がくるような場所でないこと。風があまり強いと煙突から空気が入っていって逆流したり、窯口から空気が勢いよく入って中の炭材を早く燃やしてしまったりするので、風の強さについてもチェックしておきたい。

穴を掘り、敷き木を敷く（大学セミナーハウス）

窯の向き

基本的に風上を焚き口、風下が煙突側となる。斜面でやる場合は低いほうを焚き口、高いほうを煙突側にする。風向きが逆で煙突から風が入るようだったら、煙突の周りをトタン板などで囲って風が入り込まないようにすること。

大まかな穴掘り

横1m、縦1・5～2m、深さ30㎝が、伏せやき窯の標準サイズである。およそ畳1枚の大きさの四角い穴を掘ると思えばいい。前記の窯の向きを考えてこの大きさの四角形をきれいな長方形になるように地面に描き、その線に沿って30㎝の深さになるよう掘っていく。掘り出した土はあとで使うので、まとめて横に置いておくこと。

底を水平にし、壁を垂直にする

ある程度掘り進んだら、底の水平と壁の垂直を気にしながら掘る。底は若干煙突に向かって登り勾配でもかまわないが、左右はちゃんと水平にすること。傾いていると、片方だけ灰が多くなったり、生やけが多くなったりする原因となる。また、壁が垂直でないと底のほうに燃材がたくさん詰まらず、下の温度が上がりにくくなる。

スコップを逆に使うなど工夫して、できるだけ垂直に絶壁状に仕上げるのが望ましい。

窯の形の最終確認・修正

でき上がったらみんなでいろんな角度から見て、底の水平と壁の垂直をチェックし、必要に応じて修正する。底を踏み固める必要はない。前日の雨などで土が濡れていたら、この段階で中で焚き火をして窯を乾燥させるのもよい。

窯の内部構造づくり

煙突

煙突は直径12㎝のステンレスパイプの一方を扇形に切り取るか、切り開くかしてつくる。垂直に掘り取った壁の真ん中を少し削ってこのパイプを15度の角度で埋め込むようにすると、炭材が壁までしっかり収まるし、あとでトタンをかぶせるときにトタンを切らずに済む。煙突の周りに空間があると、そこから土が落ちて下の穴をふさいでしまうこともあるので、煙突の周りはぎっしりと生草などで埋めておく。煙突は必ず左右真ん中に設置すること。

そして一番大事なのは、煙突下部の穴（排煙口）の上のラインだ。このラインまでしか煙は下りてこないので、これより下に炭材があると生やけになってしまう。煙が熱の媒体となって炭材の温度を上げ、炭化させるので煙があたらない所は炭にならない。炭材の一番下は敷き木の上面だから、この位置関係を注意深くみる必要がある。

焚き口

焚き口は、コンクリートブロックでしっかりつくったほうが失敗が少ない。ここが落ちてふさがってしまうと空気が入っていかず、窯全体の炭化プロセスが途中で止まってしまうことになる。

また、すぐに両脇を土で埋めてしまうので、窯を掘るときに焚き口の形に沿ってつくってもよい。ただ、その場合も焚き口の天井にブロックは必要となる。そしてオキ火がたまっても口をふさがないように、この部分を窯底よりも少し深く掘っておくと口焚きがしやすい。

煙突を15度の角度で埋め込む

敷き木

敷き木の役割はふたつある。ひとつは炭材が地面に直接くっつかないようにすること。ふたつ目は窯の中を煙（ガス）が上下に循環するようにすることである。材料はなんでもよいが、焚き口付近は燃えてしまうこともあるので、かためのもの（レンガでもよい）を使う。

焚き口から煙突側までは一本の敷き木でないほうが、ガスの循環が容易になり、炭化がスムーズにいく。ただし、敷き木の高さは同じにし、かつ排煙口上のラインより少しだけ高くなるようにすること。

焚き口近くの障壁

敷き木を置いたら、焚き口側30㎝に燃えにくい材、太い材を置く。これは竹以外のものがよい。ここは灰になってしまう部分だが、早めに灰になってしまうと閉ざされてしまい、口焚きの熱が中に入っていかなくなってしまう。また、大きい角材を置くと口焚きの炎が全部跳ね返されてしまうこともあるので、できれば丸太がいい。口焚きが終わるころまで（1時間程度）燃え尽きないものならＯＫ。

炭材・燃材詰め

炭材詰め

横幅1ｍの窯の場合、炭材の長さは60㎝とする。長さがまちまちだと、あとで燃材を詰めるときにやりにくいからだ。また、ヤダケなど細いもの以外は、基本的に割ってたくさん詰められるようにしたい。

密度高く詰めるのが成功のコツである。だが、だからといって炭材の隙間にワラを詰めたりしないこと。まったく隙間があいてないとガスの循環がうまくいかず、失敗の原因となる。

明らかに厚めの材と薄めの材があれば、厚めのものを上に、薄めのものを下に積む。炭化は上から下に向けて進行するので、下が厚いと最後に時間がかかってしまい、上と下の炭化度がそろわなかったり、上が灰になってしまったりする。

燃材詰め

炭材を約30㎝の高さで積み終わったら、左右の壁と炭材の隙間20㎝に杉葉、枯れ草、ワラ、枯れ竹などの燃材を踏み込みながら詰める。ここはできるだけぎっしりと詰めるのがコツ。壁から出る水分から炭材を守り、熱も供給してくれる。横が終わったら今度は炭材の上に同じ燃材をかけ、やはり踏み込んで20～30㎝の厚さになるまで積む。燃材は多ければ多いほど成功の確率が高くなる。

土かけ

トタン板をかぶせる

燃材を積み終わったら、その上にトタン板をかぶせる。まず段ボールを何枚か置いてその上にトタン板を置けば、熱が直接当たらないのでトタンが長持ちする。トタン板は1枚でもいいが、3枚使うとより強固になる。3枚の場合は左右にまずのせ、最後に真ん中に置く。トタン板が窯より長めになる場合は、ブロックでつくった焚き口の上で折り返せば土止めにもなる。
トタン板が入手できないところでは、段ボールを何重にもするか、古いゴザを濡らしたり、バナナの葉を重ねたりして代用すればよい。

土をかける

トタンをのせたら、いよいよ土をかける。さっき掘り出した土をトタンの真ん中に置いて脇に散らしていく。全体に10㎝程度の厚みがあればまずはＯＫ。あとは口焚き後、煙が出るところに土を置いていく。

トタン板をのせ、土をかける

燃材を加え、熱を中に送り込む

点火・炭化作業（竹酢液採取）

口焚き

土をかけて窯ができ上がったら、いよいよ焚き口で火をおこす。いきなり中のほうで火をおこすよりも、最初は入り口付近で大きく火をおこしてまず焚き口を温め、その火をうちわで中に送るようにする。しばらくして焚き口がしっかり温まったら、オキ火を焚き口の中に入れて焚き木をのせ、うちわであおいで熱を中に送る。
このとき、天井の土や脇から煙が出てくるので、土でしっかりふさぐ。この煙漏れをふさぐ作業は炭化中ずっと続けて行う。煙突以外から出てくる煙をそのままにしておくと、やがてその穴が大きくなり、その部分が大きく灰になってしまうこともあるのだ。

着火・口を狭める（竹酢液採取）

よく乾燥した竹なら1時間弱、生の竹でも2時間程度あおぎ続けると、やがて真っ白い蒸気機関車のような煙が煙突から勢いよく出てくるようになる。鼻腔を刺激するようなにおいで、温度も75℃を超えていれば、炭化開始のサインである。

あおぐのをやめてそのまま15～30分様子を見、煙の状態が変わらないようだったら、焚き口を徐々に狭めていく。この際、中の炭材が落ちて壁ができていないか、棒を突っ込んで中に通し、空気が入る道を確保しておくことを忘れないようにする。

竹酢液も、この煙から採り始めてよい。

焚き口は、最後はジュース缶くらいの大きさにする。同じ大きさの鉄パイプなどを焚き口の奥に突っ込み、外側を土でおおってもよい。

炭化のコントロール

炭化中は焚き口、煙突ともそのままでもいいが、慣れてきたら煙突口を半分閉じて煙を中でできるだけ循環させるようにすると、最後の煙の抜けが早くなり、上と下の炭化度がそろう。竹酢液を採るのは煙の温度が150℃まで。このとき、煙の色は少し茶褐色を帯びた白で、遠くのほうで青が混じるような色。においは辛く感じられる。これ以上は煙にタールを多く含むので、竹酢液採取用煙突にタールがこびりついてしまう。こびりついたタールは次のときに熱で溶かされて出てしまい、きれいな竹酢液が濁る原因ともなるので避けたほうがよい。

ねらし・窯止め

ねらし

乾いた竹を使い、炭化の進行も順調であれば、8時間弱で煙の温度が200℃を超える。このとき煙の色は薄い青紫色だ。もし煙突を半分閉じていたら、この段階で全開にし、ねらしに入る。

しばらくそのままで置いておくと、やがて煙突の出口10cmほどが透明、その先が青紫色になる。このとき温度は250℃を超えており、水分もない。もう、いつ窯止めしてもいい状態である。

窯止め

もしできるだけ硬質の炭がほしいということだったら、この状態でまだしばらく待ち（待つ時間は自分の判断で）、ほどほどにかたければよいということであれば窯止めに入る。

窯止めはまず焚き口から。土をかけて空気が入らないようにしっかりと埋める。焚き口を閉じた直後は煙突から煙が多く出るが、その煙が切れたころ、30分から1時間後に煙突をはずして穴を完全に埋める。そして窯全体を仔細に点検し、どこからも煙が漏れていないか（漏れていればすぐに土でふさぐ）確認し、窯止め終了となる。不安な人は、窯止めから2時間後にもう一度同じように点検すれば、その後煙が漏れてくる心配はない。

冷却・窯出し

約12時間冷却すると、窯内の温度が60℃以下に下がり、窯出しできる熱さになっているはずだ。まず手のひらで土を触って熱さを確かめ、ぬるいくらいの温度だったら窯出しする。

消化用に水の入ったバケツを準備し、土をどけてトタンを一枚ずつはずす。この土はあとで埋め戻すのでひとまとめにしておいたほうがいい。トタン近くの土はしっかり高熱殺菌されているので、苗床の土などには持ってこいだ。また、万一に備えて足元は長靴などでしっかりガードしておいたほうがいい。

トタンをめくると、燃材が燻された状態で出てくるはず。さらにそれをめくると、しっかりやけた炭が登場することだろう。

空気にさらされた炭は水分を吸って発熱する。固めて置いておくと発火点に達することもあるので手際よく取り出し、さっきのトタンの上に広げよう。もし火が出たらすぐに水をかけて消火すべし。火が小さいうちなら少量の水で済むし、ほかの炭にも影響しないので早めの手当てが大事。

手際よく作業しながら、炭化中に自分の頭の中でイメージしていた状態とどう違うか、しっかりとつき合わせることが上達のポイントである。

出てきた炭は音がしなくなるまでしばらく空気にさらし、触っても熱くないことを確認して袋・箱に詰める。急いで詰めると車のトランクの中で火がついたりすることもあるので、くれぐれも慎重に。

また、再び近々伏せやきを行う場合以外は、終了後は埋め戻して元の状態にしておくのがルールである。

ポイントを押さえ、安全に気をつけて伏せやきを楽しんでもらいたい。

◆簡易炭化炉
穴やき

適当なスペースさえあれば大丈夫

穴やきは、地面に丸い穴を掘り、その中に炭材を入れてやくという、原始的で素朴な炭やき法である。窯を用いる炭やきに比べ、未炭化の割合は多くなるが、空き地や庭先でもちょっとしたスペースが確保できれば手軽に炭やきを楽しめる。必要な用具もスコップ、トタン板、のこぎり、オノ、鎌、バケツくらいで、あとは炭材があればよい。焚き火・キャンプファイヤー気分で、気軽に炭やきに挑戦してみるには打ってつけの方法だ。

穴やきを行う場合、含水率の高い湿地帯のような場所は避けたい。必要な土地のスペースは、周りに燃えやすいものさえなければ、1坪（約3・3㎡）程度で十分。スコップで直径1m、深さ40～60cm（炭材の量に応じて変える）ほどの丸い穴を掘る。穴の周囲は掘り出した土で盛り上げ、穴の内部は丸太などで打ち固めておく。

竹炭をやくための「土の窯」の造作は基本的にこれででき上がりなのだが、炭材を投入する前に穴の中で焚き火を行おう。枯れ葉や細い枯れ枝を穴の底から20cmほどの厚さに積み上げ点火する。この焚き火は、炭やきのための火種をつくるのみならず、穴内部の土を乾燥させ、やき固めるための作業でもある。水分は炭やきの大敵である。事前にじっくり焚き火を楽しむのが、穴やきのコツである。

煙突・トタンでもっと本格的に

土が乾燥し、十分な火種ができあがったら、用意しておいた炭材を地面の高さくらいまで投入する。やがて白い煙が立ちのぼってくるが、炎が上がるようなら新たに炭材を投入して燃え広がるのを防ぐ。穴の全面から煙が出るようになったら、野草や小枝類、枯れ葉、枯れ草などを炭材の上に重ね、その上

焚き火をし、火種をつくる

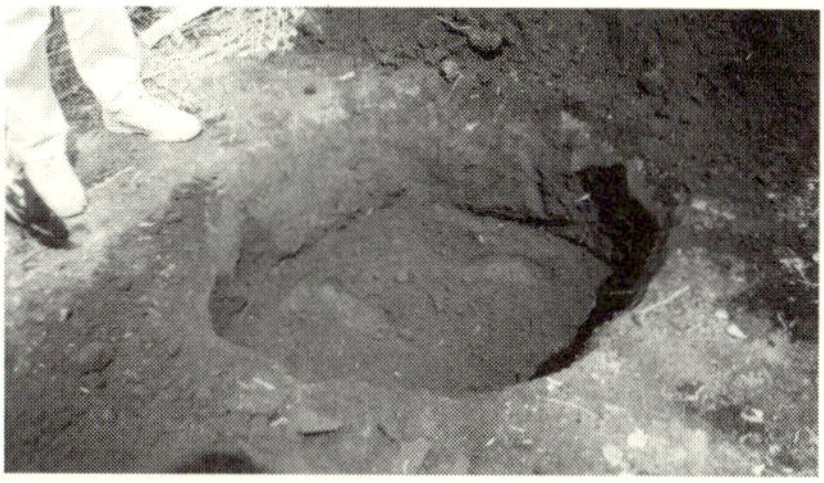

丸い穴を掘る

煙出し用の穴を残し、土をかける

底に枯れ草などを敷き、小枝を積み上げる

に土をかぶせる。このとき中央の一部分は土をかぶさず煙出し用の穴とする。白い煙が青白く変化したら、煙出しの穴を土でふさいで密閉する。穴やきの場合、煙が無色にならないのが特徴で、青白い煙の量が少なくなった時点で窯止めとなる。

翌日、十分に温度が下がったことを確認して、炭を掘り出すが、穴やきの場合、竹炭になるのは主に中央部分で周辺部は未炭化になりやすい。

もっと効率のよい炭やきを目指すなら、市販の煙突（直径10㎝、長さ1ｍほど）やトタン板（4枚）を用いてもよい。伏せやきに準ずる炭やきを行える。

種火となる枯れ枝を入れる前に、穴の中央部に石を積み、この上に煙突を立てるようにする。このとき石の隙間がつぶれると煙が出なくなるため、組み方には注意したい。適当な石がないときはレンガなどを使ってもよいだろう。トタン板は、炭材に着火し、安定して白い煙が出るようになってから、煙突を残して上部をふさぐために用いる。トタン板の上には土を均等にかぶせる。煙が青白くなったら煙突を引き抜き、穴をふさいで密閉する。

◆簡易炭化炉
露天やき

山本　剛

困りものを資源化する

荒れた竹林の整備は、枯れて縦横に横倒しになっている枯れ竹の片づけから始まる。この作業は通常の間引き（親竹管理）以上に労力を要することがある。

また、切った枯れ竹の置き場に苦労する。炭材として5年生以上の成熟した竹を利用しているが、枝のついた部分は（全幹の3分の1）労力がかかるので、竹林に放置することになる。道路まで距離があるところ、道下など搬出に困難なところの竹材は処分に苦労するところである。

これら困りものの未利用資源を炭にして活用するのが、露天やき竹炭（以下、ポーラス竹炭）である。竹林内で炭化するので、製造コストは5分の1〜10分の1となる。

高温で熱分解するので（750℃くらい）、炭素固定率の低い、やわらかな多孔質の炭となる。また、親指大から粉状に仕上がるので、そのまま土壌施用できる。ポーラス竹炭はアルカリ性であり、酸性土壌の矯正、ミネラル補給に好適である。

有機質資材と混用することによって、相乗効果が期待できる。ことにボカシ肥を製造するときに混用すると（3％程度）、発酵が安定的に進み、肥効の安定した良質のボカシ肥となる。

露天やき竹炭（ポーラス竹炭）のやき方

炭窯での炭やきは、いかに良質の炭をやくかが課題である。炭化温度はできるだけ低くし、材料の炭素分を炭として固定する。煙として放出しないよう、炭化スピードを抑え、じっくりやくのがコツである。

これと対照的なのが、ポーラス竹炭である。高温（700〜800℃）で一気に炭化をする。炭質よりも、いかに大量の竹材を処理するか、竹林内の環

散水して消火

ポーラス竹炭をすくう

枝つき部分を幹と交互に投入する

境整備に比重がかかっているからだ。

連続して炭材を投入し、表面だけを燃焼させ、内部は還元状態にして、収炭率を高める。要するに、いかに灰にしないかが勝負である。それには、炭化場所の周囲に、事前に多くの炭材を集積しておくか、投入しやすいように積み上げる工夫も必要となる。

時期

葉が落ちた状態の竹と、生葉がついた状態の竹とでは作業効率が大きく異なるので、落葉を待って作業できるよう段取りをする。

落葉に要する期間は、11月までに伐竹したものは30日くらい。伐竹が遅れると落葉までに長期間要するので、根切りは早めに（切り倒し）行っておく。

場所の選定

竹林内が最適である。よく竹林から竹を運び出して、畑などで作業をしている例を見かけるが、よほど条件がそろわない限りすすめられない。

搬出の労力、安全性の面から竹林内に場所の選定をする。竹林内は竹の持つ特異的な水分代謝の影響もあって、常に湿度が高く、燃え広がることがない。

30～50ａに1カ所、10×10ｍほどの空地をつくる。平坦地でも差し支えないが、できれば凹状のところ、溝状に凹んだところが好適である。パワーシャベルが現場に行けるようであれば、長さ5ｍ、幅2ｍ、深さ50㎝くらいの溝を掘って炭化場所とする。

用具

鍬、ジョレン、スコップ、トーチバーナー、動噴一式、500ℓタンク、チェンソー、のこぎり、麻袋。

天候

雨の降った翌日、風がなければベストコンディションであるが、初めての人にぜひおすすめしたいのが、雨降りに行う炭化である。時間雨量10㎜くらいの強い雨でも順調に炭化する。

当然のことだが、風の強い日、晴天続きのときは行わない。

作業手順

当然のこととして、まずは作業の事前に消防署に届けを出し、指導を受ける。

①清掃

落ち葉、小枝、石などよけて、炭化場所を清掃する。

②燃焼

枯れた細枝で種火をつくり、枯れた竹を割って火力をつける。枯れた竹を丸のまま上にのせ、本格的に燃え始めたら、枝つきの細い部分を投入する。枝つきを重ねていくと、密着度が低く、崩れやすいので、太いものを押さえとして投入する。

③炭材投入

生竹が燃え破裂する状態になったら、枝つき部分と、幹を交互に（サンドイッチ状に）投入する。一日集材した分の炭化時間は2時間程度である。この作業は2～3人くらいが効率がよい。

④消化

9割方燃焼した段階で、散水して消火する。消火しながら、未炭化のものは1カ所に集めて燃やすようにすると、ほぼ100％炭化できる。消火にあたっては、鍬、ジョレンで薄く広げながら、まんべんなく散水する。

収納

一日1人当たり、800ℓくらい生産できる。収納には麻袋が扱いやすく便利である。

土と石でつくる伝統的な土窯

伊藤了一

その土地の土や石を使用するのが基本

土窯（黒炭窯）は、わが国で古くから伝承されてきた炭窯のスタンダードといってもよいだろう。土や石、または耐火レンガ、耐火ブロックなどを用いて築くドーム状の窯で、保温性が高くじっくりと炭化作業を進めることができ、質のよい竹炭をやくことができる。

土窯を築くための資材のなかでもっとも重要、かつ大量に必要となるものが、土と石である。その土地にある土と石を用いるのが基本とされ、昔は赤土に砂が混ざった窯土に、古い窯の天井の土（やけ土）を混ぜて収縮率の調整などを行っていた。今日では、窯土や石に代わるものとして、耐火セメント、耐火レンガ、耐火ブロックなどがあるため、適した土のない場所でもつくれるようになっている。

ここで紹介する小口《こぐち》置《お》き法《ほう》は、窯内に炭材を詰めて天井を成形するため、竹材・木材も大量に用意する。このほか築窯にあると便利な機器・道具としては、風向計、方位磁針、ショベルカー、シャベル、スコップ、鍬、いし箕、バケツ、木槌、チェンソー、のこぎり、鉈などがあげられる。

窯の規模にもよるが、土窯づくりはそれなりに手間と労力のかかる土木作業である。当然人手は多く

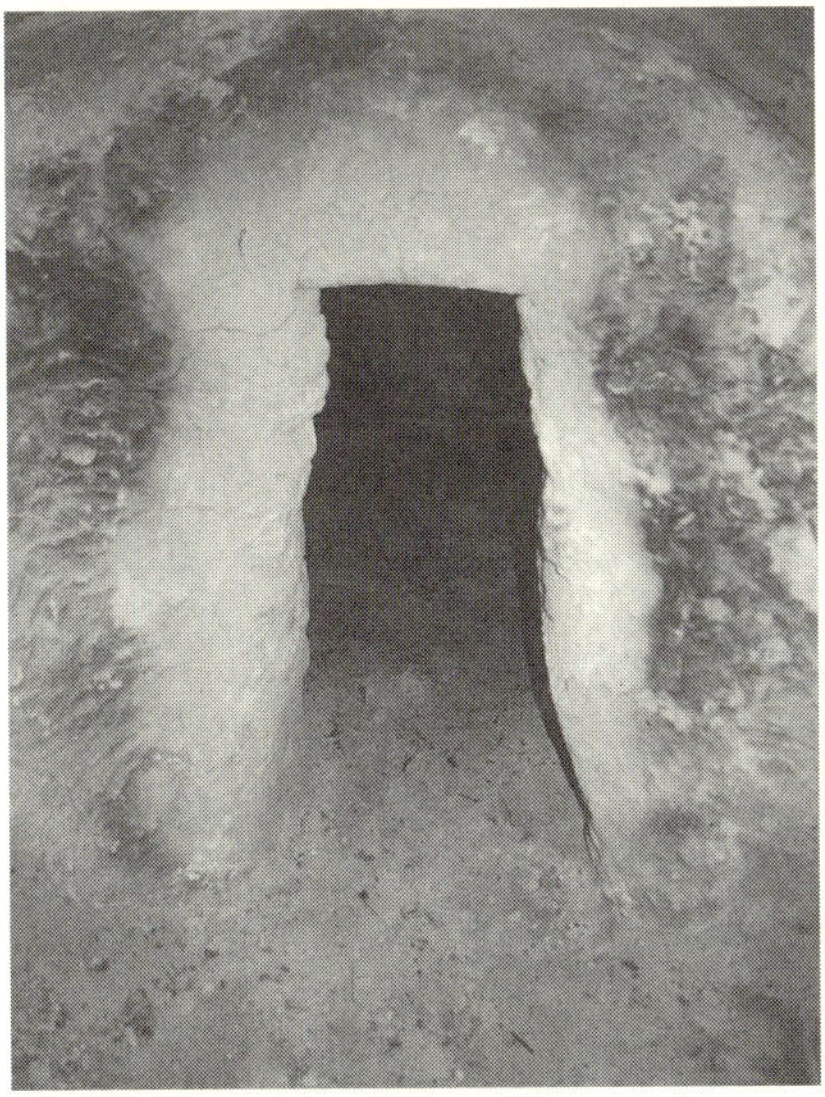

土窯（黒炭窯）の窯口（伊藤了工務店）

あったほうが負担は軽くなり、工期も短くてすむ。天候や立地、重機が使えるかなどの条件で異なるが、延べ30人で1週間ほどを目安とする。

土窯を築く

窯場には、水の便がよく、かつ地盤の乾燥した場所を選ぶ。洪水の害を受けにくく風当たりのおだやかな、ゆるい傾斜地が向いている。

まず風向きを見定め、風上方向に窯口の位置を決めて整地する。そののち窯の外周より30cmほど広いスペースを深さ30〜40cmほど掘り下げて砂利、丸太、ソダ、炭などを敷き詰め、その上に粘土を厚さ10cmほど盛って打ち固める。打ち固めた窯底に窯の形を描き、排煙口の位置を決める。

窯底は、煙が水平もしくは中心から排煙口へ向けてやや上がっていくように傾斜をつける。

窯壁は、土に水を足して十分に練り込んだものをブロック状にして積み重ねていくか、突き固めながら築いていく。

窯壁の作業と並行して、排煙口をつくる。排煙口の大きさの目安は高さ6〜7cm、幅40cm、奥行き30cm前後。入り口部分より奥が3〜8cmほど下がるようにゆるい傾斜をつけ、排煙口の上部には長さ50〜60cmの「かけ石」を渡す。

窯の奥に設置した排煙口

煙道は石と粘土、または耐火レンガを積み上げて成形する。煙道の内側は滑らかに仕上げ、煙道口から窯内への風の吹き込みを防ぐため、下部にふくらみを持たせて上部を細くする。煙道口の上に30cmほどの高さの土管を取り付け、煙突とする。

窯口は幅60cm、高さ80cm程度を目安に石積みでつ

火を入れ、加熱していく

炭を取り出す

炭材を投入する

くる。窯壁、煙道ができ上がったら炭化室内および排煙口付近で焚き火をし、内壁が崩落しないよう乾燥させる。

小口置き法では天井をつくる際、炭化室内に炭材を縦にびっしり詰める。炭材の上に細い木ぎれを盛ってなだらかなドーム型をつくり、その上にむしろなどを敷き、さらにその上からよく練り込んだ粘土をのせる。粘土は木づちや手へらを用いて、1〜2日ひたすら叩き締めていく。天井をしっかり乾燥させたら、窯の上に小屋をかけ、煙突口の真上にステンレスや竹材でつくった竹酢液採取装置を取り付ける。

土窯で炭をやく

築窯後の初めての炭やきは、窯の乾燥が主な目的となる。土窯は回数を重ねるごとに安定した炭やきを行えるようになる。

炭材に用いるのは、伐採後1〜3カ月かけて乾燥させたものがよい。長さを窯壁の高さにそろえ、太い竹などは4〜6つ割にし、節を取って束ねておく。

窯詰めは、まず端材や細い枝などを窯底に置いて敷き木とする。次に窯の奥から炭材を隙間のないようびっしりと詰めていく。なお炭材は太い根本のほうを上に向け、排煙口の周りは細い炭材を並べて通気性を確保し、良質の炭材はなるべく窯の奥に立てるようにするとよい。詰めた炭材の上には端材をのせて上げ木とする。

窯詰めを終えたら、焚き口の奥に耐火レンガを積み上げて炭化室との間に障壁をつくる。焚き口にも石や炭化レンガを粘土で目止めしながら積み、下部に20cm四方ほどの通風口、その上に30cm四方ほどの燃材投入口をつくる。

炭材の水分を抜き、窯内の温度を上げるための口焚きは2日間ほどかけてじっくり行う。より高品質の竹炭を目指すなら、3～4日かけて水分調整を徹底するとよい結果が得られるだろう。

炭やきの進行状況は煙突口に5cmほど差し入れた温度計（500℃まで測れる水銀温度計がよい）と、煙の状態で判断する。排煙温度が70～75℃になると窯内の炭材は熱分解を開始し、揮発性のガスが発生する。このとき煙は水分の多い白色から白褐色へと変わり、刺激臭も出てくる。温度計と煙で熱分解を確認したら、燃材を入れて焚き口を閉じる。あとは排煙温度が80℃前後を保つように通風口と煙突口によって調節する。竹酢液の採取は排煙温度が81～150℃の範囲で行う。

煙は白褐色から白煙、さらに薄紫色が混じり、やがて透明度の高い青煙となる。ここまでの工程になるべく時間をかけるようにすると（3～5日間）、よい炭がやける。青煙の状態で窯止めしてもよいが、通風口と煙突口を5～6時間ほどかけて全開にしていくねらし（精煉）作業を行うと、かたい炭がやける。ねらしを行うと、窯内の温度は700～1000℃前後まで上昇し、竹炭に残っているタール分やガスをとばす。窯止めはまず通風口をふさぎ、約30分後に煙突口をふさいで密封する。

気候や立地、窯の規模などによっても異なるが、窯止めしてから3～7日間かけて窯内を冷却したのち、窯出しとなる。冷却期間が短く窯内の温度が十分に下がっていない状態で窯を開けると、炭が発火するおそれがあるので注意する。

ステンレス製の小型窯

蓑輪暉永

私の炭やきの原点

私の家業である竹製品製造過程で、竹をやわらかくするために竹を煮る作業がある。これは小学生のころの私の役目だった。

竹を煮る釜焚き、翌朝には炉から灰をかき出すと、カンカンキンキン音のする立派な竹炭が出てくることがしばしばだった。炉は耐火レンガ製で１３００℃まで上げられたが、ある期間使用するとボロボロに溶けて崩れた。高さは30㎝、幅は60㎝、奥行き２５０㎝ほどの炉だった。

均一な炭をやくため小さく

大きな窯は温度の高低差で大きいので、製品にムラがあり分別を要する。そこで、分別のいらない均一な炭をやくために、できるだけ小さい窯をつくってみた。

ステンレス製で円筒横型であり、直径80㎝で、長さ１２０㎝のものと２２０㎝の２種類を製作した。前者はとくに質を求め、後者は量を取るためである。ステンレス製の長方形の窯も試作してみたが、作業しづらく温度が隅々まで行き届かないという欠点があり、円筒横型を採用している。随所に工夫や改良を重ね、現在の小型窯は6代目になる。

ステンレス製小型窯の問題点

鉄製は竹酢液等に弱く、早くボロボロになるが、ステンレスは高温に弱く、変形しやすい。炭材の部位や形状、乾燥状態、天候、風向き等で、炭化時間、温度等に微妙な違いがある。

しかし、生産された竹炭、竹酢液は均質で信頼性が高いという評価を得て「かごしま竹炭・竹酢液推薦制度」の対象になっている。竹炭は炊飯、消臭、吸着用などとして九州の生協関係に出荷している。

◆機械窯

目的炭をつくるための機械窯

鳥羽　曙

開発理由と紆余曲折

ここに紹介する機械窯は、核燃料サイクル開発機構との共同研究によって開発された窯である。容量は2㎡、温度上昇（材中温度）は1150℃まで可能で、窯内温度のバラツキは5％以内、原形を保持したままで炭化可能な、また熱源を木質材料に限定した実用炉である。

開発した目的は、炭やきの望む必要な所定温度で木質系の炭がやける窯、つまり土窯同様の窯であることであった。炭化温度が特化できる、温度制御が可能な窯が必要であるのに、これまでなかったからである。

それまでの大規模なプロジェクトで実施する窯の開発概念そのものは、木質資源の有効利用や環境汚染や建設廃材対策などの大量処理の、工業的な炭化方式である。これは厄介な産業廃棄物を集約的に廉価で大量処分する道を開いたが、不均質で見栄えの悪い木炭を供給した結果に終わり、炭やきの考えている、また望んでいる木質炭化を目的とした概念とはかけはなれた異質のものが世に出ることになった。そのため、伝統的な在来法で生産された炭は機能性材料になりうる可能性を示唆されながら、現在に至るも展開がないのである。

このような時代背景と趨勢の中で、木質炭化の窯に対する補助事業を申請してもまったく相手にしてもらえず、必要性を説いても馬の耳に念仏であった。肝心の相手が在来法の窯と工業炉の窯からできる炭の判別と評価ができないのであるから、如何ともしがたいことであった。

核燃料サイクル開発機構のヒアリングでは、同機構の所有する発明特許を使用するにあたって、発明特許に使用できる炭の現物が存在していないこと、その現物をつくるための炭化装置と炭化技術を開発しなければツールに当たる竹炭ができないことを述べ、理解を求めたものであった。幸いにも柔軟な対応を得て共同研究に取りかかることができた。

土窯同様の機能性竹炭づくりに成功

開発目的は、①竹炭は炭化温度によって発現する機能が異なる、②目的に合った機能を持つ竹炭を生産する、③温度管理と制御が可能な窯が必要である、④機能と温度を特定した竹炭をつくること、である。

高温炭化装置（小浜竹炭生産組合）

開発コンセプトは、①竹材の炭化は乾燥、炭化、精煉、冷却の各工程をたどるため、これに沿った昇温過程にする、②炭化温度管理は炉内雰囲気でなく、材中温度を測定し制御する、③炭化温度は５００～１０００℃の範囲で任意に設定可能にする、④燃焼ガスを均一に分散誘導する、⑤全工程で木質系燃材を使用し化石燃料は使用しない、とした。

共同研究の結果をまとめると、次のようになる。①高精度の温度管理が可能となったため、目的とする温度の竹炭が生産できる、②製品は均質で在来土窯と同様の高品質である、③温度ごとに異なった吸着特性を示し、優れた吸着性能が認められた。

機械窯でもコンセプトの構築によって、在来土窯と同様の機能性竹炭をつくり出すことに成功したのである

窯の開発にはコンセプトが重要

ここまでは、天然素材に由来する安全な材料を使用した竹炭の視点から述べたが、機械窯を開発する大きな目的は別に存在する。工業的な手段で大量生産を行うことと、廃木材や解体材、建設廃材の処理

が含まれ、環境問題が絡んでいるからである。

このように書けば「炭やき風情が生意気な」と叱られると思うが、炭やきの視点で機械窯の開発を眺めていると、炭に対する認識が余りにも片寄りすぎているとしか思えない。なぜ機械式の窯をつくるのか、その目的が曖昧なのである。どんな目的（用途）に供する炭をつくろうとしているのか。その用途に適するものをつくるのにどんな窯が必要なのか。つまりどのような条件を満たせば何ができるかが曖昧なのである。

かつて、黒ければ炭であった時代があったが、現在では利用目的がはっきりしない炭は、炭とは呼ばない時代に入りつつある。ただ闇雲に炭をつくってみても、売れない時代なのである。

これまで、新聞や雑誌等のマスメディアを通して、多くの利用法や製造法について提案があったが、そのいずれもが中途半端な形で立ち消えになっている。それは、有効な生産方法やそれに見合う利用方法が見つからないためであろうし、いまひとつは汚染対策であろう。この場合窯に対する概念を変えないと対応できないであろう。なぜなら廃木材や建設廃材の汚染木質系廃棄物の処理には、莫大な費用と炭化技術が必要だからである。

一方、天然素材の炭化窯には不要な装置まで付いた多目的な窯の開発が目立っており、こんなところに、日本の窯開発のおかしさがある。汚染木質系廃棄物用の窯か、無公害樹木の炭化窯か、機能性目的炭をつくる炭化窯であるか、その分別が必要である。また利用法も用途別に分別することも必要になるし、それに見合う炭化法と炭化技術が必要になる。

多目的な炭化装置では機能しない時代になっているし、これに見合う流通システムができているかと考えてみると、手つかずの状態で放置されているのが現状でなかろうか。

機械窯の必要性とは

現在実用化されたといわれている機械窯は、実は実験段階の実験炉（窯）と呼んだほうがよいように思う。需要に見合った品質が確保され、それに均衡した生産価格で生産されるのか、甚だ心もとない限

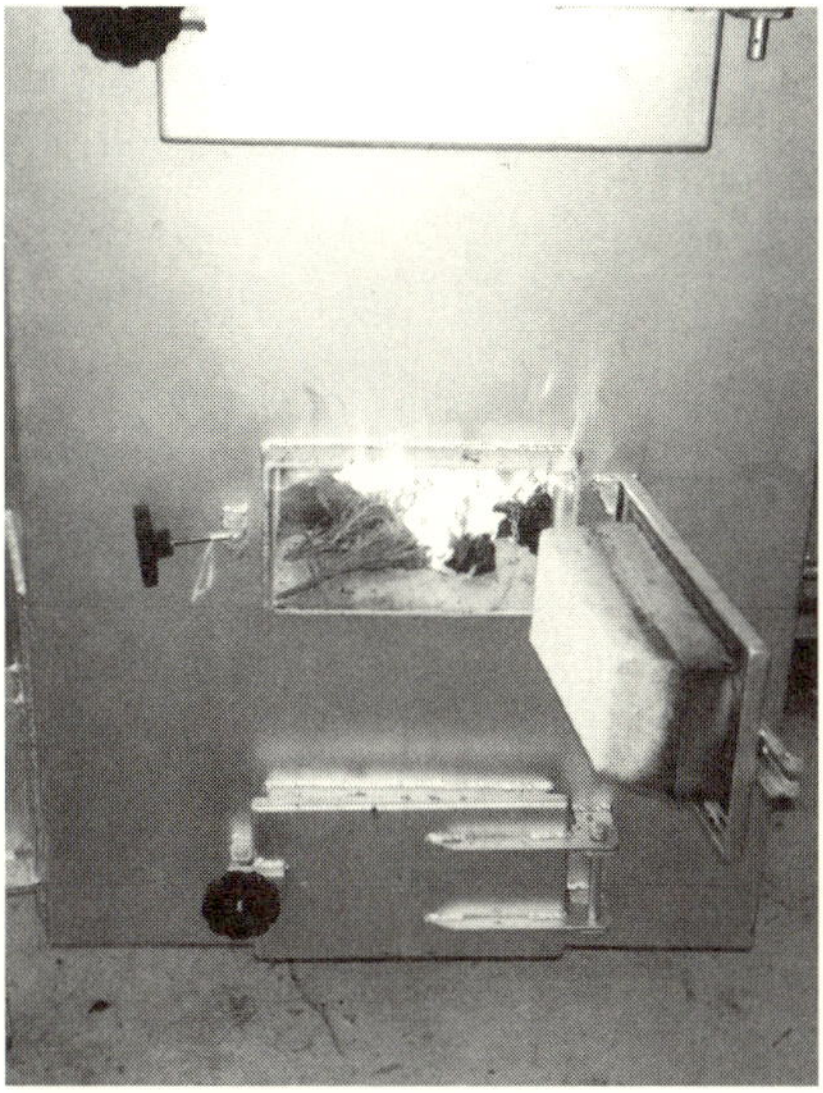

実験段階の機械窯

消煙の実験を行う

改良型の竹材結束機

りである。品質確保と生産費の均衡を考慮した流通のあり方を保護的と呼ばれても、製品化させ流通させるシステムを構築しないと炭の未来はないのではなかろうか。

それでは小規模な生産者には機械窯は必要ないではないかと問われると、それは必要なのである。前述のように木質系汚染廃棄物、天然廃棄物、天然物の炭化をそれぞれ正確に分別する炭化法が開発され、用途別の炭化法の開発と用途別の利用法もまた、開発されつつあるからである。

確実なことは、炭はそれぞれの目的を持った専門的な機能性目的炭の時代に入ったということである。それとともに、現在われわれ炭やきがやいている在来手法的な竹炭（炭）はこれからも残るであろうことである。機能性目的炭をつくるためには、目的に見合った機械窯が必要になってくるが、それには在来法による炭化法もまた必要なのである。

◆機械窯
完全自動化のミニ機械窯

簡単操作で炭やきを完全自動化

新潟県西蒲原郡に本社を置く㈱熊谷農機では、全長約2m、全幅約1m、全高約1・5m、容量約600ℓという小型の炭焼機（NSY－1580）を開発・販売している。価格は約160万円である。

このNSY－1580の特徴は、灯油を燃料としたバーナー加熱のために着火ミスが少なく収炭率が高いこと、着火後はサーモスタットで温度を監視するため立ち消えの心配がないことがあり、炭化温度とタイマーを設定するだけで、自動的に炭やき作業を行うことができる。

たとえば煙温度100℃で5時間とセットすれば、まず100℃になるまでバーナーで加熱され、100℃到達後も5時間の間、100℃以下に温度が落ちることがあればバーナーが再点火され、温度が保たれるという仕組みである。

作業者は搬入口から炭材を詰めて、操作スイッチを押すだけでよく、24時間以内には確実に炭がやき上がる。

灯油の使用量は1回に7～8ℓであり、ランニングコストも安い。排煙調節が可能であり、かたい炭もやくことができる。木酢液・竹酢液を採取することも可能だ。

温度自動監視型炭焼機（NSY-1580）を操作

切りそろえたモウソウチク

竹炭をケースに収納

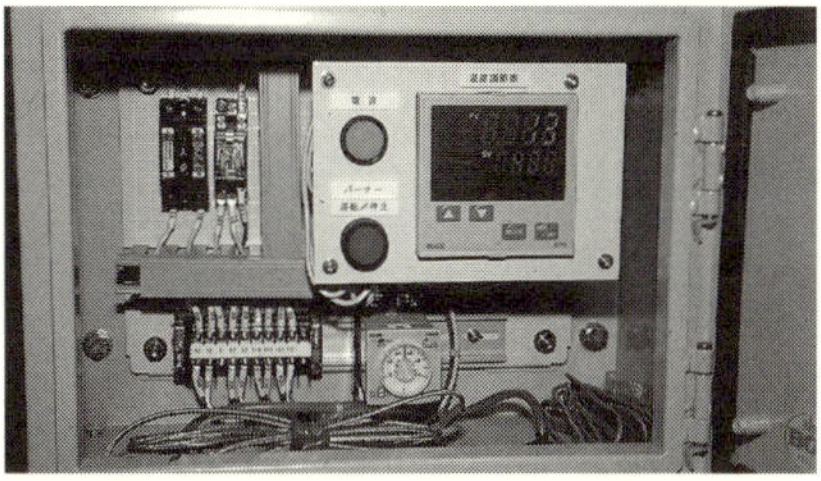
簡単に使える操作ボックス

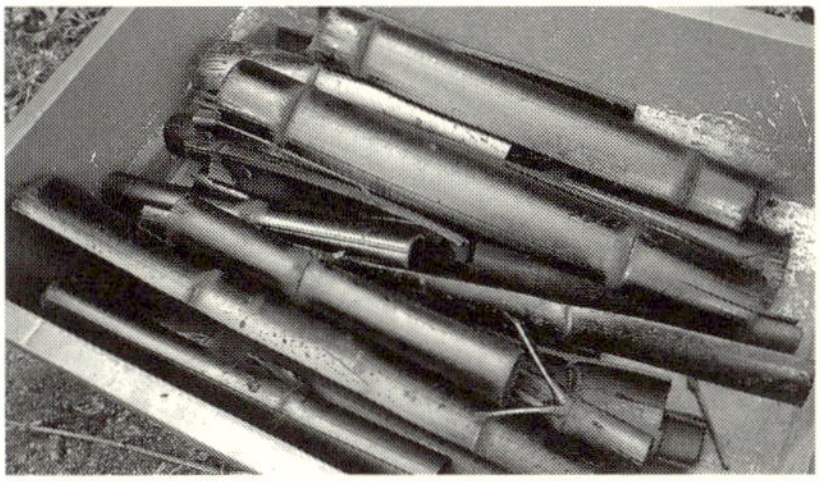
みごとにやき上がった竹炭

24時間以内に炭化できる

ユーザーにも好評

奈良県大和高田市で学習塾やパソコン教室を経営する欅和守さんは、ＮＳＹ-１５８０ユーザーのひとりである。欅さんの実家は林業を営む山持ちだが、欅さん自身は炭やきについてはまったくの素人。それでも自ら定めた定年の55歳を過ぎたあとの第二の人生で炭にかかわっていくことを決心し、それまでの準備として炭焼機を導入したのだ。

現在は、実家の山から伐りだした炭材を使用し、週末炭やき師となって技術の習得、研鑽にいそしんでいる。

欅さんが初めて使ったときには、炭材が灰になってしまうことが心配で炭化時間を短めに設定してしまい、未炭化の部分ができてしまったものの「想像以上の出来栄えに、逆に驚きました」というほどで、やき上がった炭は、友人たちが順番待ちするほどの人気だ。

◆大型炭化炉
平炉

炉の上部が開き大量生産に向く

平炉は、広い床の上に炭材をのせて着火し、炭化を行う炭化炉である。構造が簡単で、建造コストも比較的少なくてすむので、広く普及している工業炭化炉の一種といえる。

炉の形は長方形や正方形、丸型などがあるが、共通しているのはコンクリートの床に排煙用の溝が設けられている点。この溝にはレンガや穴の開いた鉄板がかぶせられ、その隙間より炭化の際の煙が排出されるという基本構造を持っている。

炉の規模にもさまざまなものがあり、大規模なものでは年間1000ｔを生産する平炉もある。炭材によく用いられるのは主にのこぎり屑や樹皮、製材屑などで、多くが炭化したのち粉砕されて粉炭として出荷される。

火入れから火消しまでの工程に要する時間は、材料の含水率などによっても異なるが、おおむね5～6日。窯の上部が開放されているので、炭材の投入や炭の取り出し作業に、各種クレーンやフォークリフトなどの重機やベルトコンベアを容易に導入できるため、大量生産を行いやすい。

平炉での炭化方法

平炉で炭をやく場合、まずコンクリートの床に燃えやすい炭材を10㎝ほどの厚さに敷き詰めて着火する。十分に火が回ったところで、その上からのこぎり屑などの炭材をかけ、炉の深さいっぱいにする。炭材が黒く炭化してきたら表面を攪拌し、未炭化部分の炭化を促進させる。下部の種火付近の燃焼炭化層からは輻射熱が発生し、あとから加えた炭材を乾燥させるため次第に温度は上昇し、炭材全体の炭化が進んでいく。こうしてすべての炭化が終わったら、少量の水で消火して炭やき完了となる。

平炉での炭化終了（小浜竹炭生産組合）

近年では、竹材処理を目的に、より効率的な炭化を行うための平炉もあらわれている。これらは炭材を乾燥させ、さらに竹酢液を採取するための低温乾留炉と、炭材を炭化するための高温乾留炉の２つの炉で構成されている。

この方式の炉では、まず指定の長さにそろえて割った竹材を鉄製のかごに入れ、低温乾留炉に搬入する。ここでは床に設けられた穴よりガス熱源を用い、炉を２００℃以下で約4時間加熱。炭材の水分を抜き、同時に発生する竹酢液を回収する。次に炭材を冷ましたのち、かごごと高温乾留炉に移し、再びガスで加熱。温度上昇に伴い炭材から発生するガスに着火させ、これを熱源とし、あとは土窯での炭化同様に炭材の熱分解による炭化を行っていく。

この炉での炭化温度は８００～１０００℃。一度に処理できる炭材の量は約６００kgで、工業炉としては比較的小規模といえるが、点火から炭化終了までの所要時間は約8時間と短く効率に優れている。また、床に設けられた空気穴を調節することで、土窯に近い硬質の竹炭をやくことも可能だ。

◆大型炭化炉
天井鉄板窯

杉浦銀治

天井開閉式で高い作業性

土窯における炭材の搬入や、やき上がった炭の搬出作業に要する労を大幅に軽減するのが、天井鉄板窯である。土窯と異なり、天井部分に鉄板を用いているのが特徴。この天井部分が開閉可能なため、窯詰めや出炭の際に小さな焚き口をくぐる必要はなく、また窯内での作業で無理な体勢をとることもない。窯場の状況によっては、重機を導入して作業の効率化を図ることもできるだろう。

天井鉄板窯の場合、天井以外の構造は土窯のそれに準じたものでかまわないが、鉄板の形に合わせ長方形の窯型が採用される場合が多い。窯の天井となる鉄板は、厚さ3㎜のものを利用する。もっとも一般的な鉄板の工業規格は幅914㎜、長さ1829㎜となるが、そのままでは重いため、人力による開閉作業の負担を考慮し、数枚に分割するのが普通だ。窯の規模にもよるが、短冊状に切断した長方形の鉄板数枚を用いて天井をつくる。この短冊状鉄板は補強および作業性の向上を図るために、両端にL型アングルをビス止めしておく。

窯内に炭材を詰め終えたら、この短冊状鉄板の縁を約3㎝ほど重ねながら窯の上部に設置し、炭化中は窯内の保温性と密閉性を高めるために、鉄板の上に砂・土をのせておく。このときアングル（冷却用）を完全に土で埋めてしまうと、高熱のために変形することがあるので注意が必要である。炭やきが終了し出炭するときは、土を取り除いてから鉄板を外す。大型の窯で鉄板も重い場合は、アングル部分にワイヤを通し、これを窯の上部構造物（炭やき小屋の梁など）に渡して吊り上げる場合もある。

天井鉄板窯は構造が簡単で、初心者にもつくりやすい。また炭化後の冷却がスムーズに進むので、効率的な炭やきを行える半面、炭質は土窯に及ばない。

窯止め後、冷却に約3日間を要する

鉄板を置いたら、土や砂をかぶせる（大学セミナーハウスに設置した小型天井鉄板窯）

点火後、燃材を加えて加熱する

ただ、鉄板の裏にセラミックウールなどを装着して断熱性を高めると、土窯に近い炭やきも行える。

移設が可能なユニット式窯

一般的な土窯に比べ、つくりやすく作業性の高い天井鉄板窯は、各地でさまざまに工夫が加えられ改良されている。

㈲フレスコの開発したCHARMO－15000シリーズは、天井のみならず炭窯本体がステンレス・鉄・断熱材などの部材で構成されたユニット式となっており、森林整備などの作業現場に簡単に設営できる窯だ。設営方法は長さ9m、幅3m、深さ1・1mの穴を掘り、重機を用いて現場で組み立てたユニットを埋設するだけ。むろん天井部を開放できるので、炭材の搬入などにも重機を活用できる。

窯の容量は15000ℓで、竹材なら一度の炭やきで約2・5tを処理できる。炭化方法は従来の炭やきと同様の自然式。炭化中の窯内の温度は最高約900℃で、竹炭の場合、乾燥・炭化に約20～75時間、冷却に約3日間を要する。

◆大型炭化炉
連続炭化炉

粉炭・粒炭の大量生産に適性

粉炭・粒炭を大量生産する機械炉にはいくつか方式がある。なかでもチップ状に破砕した炭材を一定のスピードで機械炉の内部を通過させ、その間に炭化してしまうという連続炭化炉は、初期コストはかかるが、生産効率が高い。中央制御によるオートメーション化も可能で人件費も抑えることができるため、大量生産には適した機械炉といえるだろう。

ただし炉単体のみではそのメリットは薄く、炭材破砕のための装置、破砕した炭材をためるサイロ、やいた粉炭・粒炭の袋詰めを行うパッケージ装置、さらにそれらをつないで炭材破砕からパッケージングまでをスムーズに連続して行うためのベルトコンベアや、空気の圧力を使ったフライトコンベアシステムなどを組み合わせて、初めてその機能を存分に発揮できる炉でもある。

そこまで大がかりになると、もはや「炭やき」のイメージとはかけ離れ、炭化プラントと呼ぶにふさわしい。しかし、炭化の基本的なプロセスは連続炭化炉においても土窯での炭やきと変わるものではない。破砕されたチップ状の炭材は、円筒状の炉の中を通過していく過程で熱せられて、熱分解を起こし、炉から出るときには炭化が完了しているという具合。

熱源には終始重油を用いるものと、ある程度まで温度が上がったら炭材から発生するガスを燃焼させてその熱を利用するものがある。前者は排煙を冷却してタールや竹酢液を採取することが可能で、後者は発生成分をすべて燃焼させるために排煙がクリーンという特徴がある。

ムラのない均一な炭化

工業的な大量生産で重視されることのひとつに、製品の品質にムラのないことがある。連続炭化炉に

反復揺動式炭化炉（群馬県・南牧村森林組合）

竹粉炭・竹酢液製造連続炭化炉（香川県・四国テクノ）

バージン材使用。安全性が売りの粉炭

連続炭化炉などを導入した竹炭工場（福岡県・立花バンブー）

求められるのも同様で、いかに均一に炭化を行うかという点にポイントが置かれ、そのためにさまざまな工夫がなされ、いくつかの方式が生まれている。

ロータリーキルン方式は、ゆるい傾斜をつけて設置された円筒状の炉がゆっくり回転するタイプの連続炭化炉だ。炉内に投入されたチップ状の炭材は、炉の回転により攪拌されながら徐々に炉の終端へ向けて移動し、炭化されていく。福岡県の㈱立花バンブーは、このロータリーキルン式連続炭化炉と別系統の竹酢液採取装置を導入し、年間300tの竹炭および4万ℓの竹酢液を生産している。また、群馬県の南牧村森林組合の粉炭センターで稼働する反復揺動式連続炭化炉は、同じく横置きされた円筒状の炉を左右に揺するように反復回転を繰り返すタイプで、無駄やけが少ないといわれている。ちなみにこちらは一日当たりの粉炭の生産量が約2tにのぼる。

いずれの炭化炉もコンピュータ制御されており、炭化温度（最高1000℃前後）の調整なども簡単に行えるうえ、10名以下という少ない人員で運転されている。

竹炭・竹酢液生産の関連機械

大石誠一

現場の声を機械に反映

炭の機能・効果に関して改めてそのすばらしさを知らされたのはつい数年前のことだが、昨今、炭やきを新たな定年後のライフワークにと各地で炭やきを始める方が増えている。しかし、炭窯の周辺の作業はまだしも、竹を切り出す仕事は実に重労働である。平坦な道路に近い竹林はむしろ稀で、急斜面や運び出すことすら難しい条件の竹を炭窯に入れるための準備工程など、実際に炭をやくまでの準備がいかに大変なのかは体験しなければわからないものである。

丸大鉄工では、そんな現場からの声を反映するために全国各地の炭やきの実情を調べ、そのうえで現場の声をできるだけ機械に反映して開発を行った。

竹炭ができるまでには、まず竹林の中で竹を切り倒し、次にトラックなどで運搬できる長さに切り、そして炭窯の大きさに合わせて長さを切りそろえる。さらに炭になってからは用途に合わせて切断する。以上、竹炭を製造するために切るという工程が、実に全製造工程の30％になる。弊社は丸のこぎりの製造メーカーであるため、竹切断のノウハウが機械の開発に大いに役立つことになる。

竹酢液を回収するための煙突も、各地各人がいろいろと工夫をし製造されているようであるが、竹酢液の採取には条件がある。これについてはあとで触れる。

以前と比較すると、竹酢液の消費量は順調に伸びているが、竹炭の消費は一部の製品をのぞくと、伸び悩んでいるというよりも安い輸入製品に市場が占領されている。そのため、竹炭の需要を拡大するのに竹炭を粒状または粉状にして、市場に販路を広げる努力をされている地域の生産者が急増している。弊社にも各地の竹炭生産者から竹炭の粉砕機の問い

精密青竹切断機

合わせが増えている。

精密青竹切断機（特許取得済）

炭やきの現場では年間２００件以上の事故が起きており、労災事故が多い。

竹は天然素材であるため、工業製品のような規格に当てはまらない。真っすぐな竹などほとんどない。根元とうら（穂先）では当然太さも厚さも違う。さらに太さも真円な竹はない。そのうえ、節や竹の最も特徴的な表皮のワックス成分がより固定を難しくしている。そのために起こる労災事故も極めて多く、ささくれが手に刺さったりすることも日常茶飯事である。

そんな現場で使っている道具は、ほとんど市販の木工用の機械を工夫して使っているのが実情である。まったく実情に合わない道具を無理に使っているために労災事故が起きていると考えられる。またそのことが若い後継者を育てにくい環境にしていることも確かである。炭やきの現場はやはり３Ｋなのである。そのことを真剣に考えて開発をしなければ竹炭製造の未来はないと、小浜竹炭生産組合組合長の鳥羽さんから「竹炭の生産の今後のことを考えてほしい」と強力に要請された。

まず、炭窯の中に立て込みするための長さに竹を切断する機械の開発が始まった。

実際の現場に出向き調査をして驚いたのは、竹を切るために専用に開発された機械が少ないことである。現場で使われている機械は汎用の電動工具がほとんど。モウソウチクの太いところを切断するには1回では切断できず、苦労して固定しながら大変危険な作業をしているのである。

直径が15cm程度のモウソウチクはどこにでもある。その竹を一度に切断するためには、直径45cm以上の丸のこぎりを備えた機械でなくてはならない。大型の機械もあるが、炭やきの現場では経験豊富なオペレーターも少なく、また電力事情も悪いために使うことができないところも多い。

そこで弊社が開発した精密青竹切断機は、現場の電力事情にも配慮し、１００Ｖの電源があれば直径20cm程度のモウソウチクが切断でき、作業者から一番遠い位置に丸のこぎりがあり、切断動作も安全である。切り口もささくれが出ずきれいなため、とても好評である。

使っている丸のこぎりも21・６cmと小径なので安価で、ランニングコストも小さい。炭になった竹の切り口もシャープなため捨て切りが不要で、歩留まりもよい。

竹酢液採取用煙突

竹酢液の効果がいろいろな方面で評価されてきたために、本来の竹炭の生産よりも、むしろ竹酢液を採るために竹炭をやくという話を耳にする機会が増えている。

しかし、竹酢液の採取にあたって、しっかりとしたマニュアルもないまま生産された竹酢液が市場に出回ることで、本来の竹酢液の効果を損なうような粗悪な製品も多く見ることも確かである。やっと日本竹炭竹酢液生産者協議会が案としてまとめ、炭窯の排煙口の温度で75～１２５℃の範囲内で採取した竹酢液を商品として販売することが決まった。それでも生産現場に受け入れられるには時間が必要である。

特定の温度以外の煙が煙突内を通過する構造の煙突によってつくられた竹酢液は、なんらかの処理をして販売しなければ、人体に悪影響を及ぼす成分を含んだ商品であることを明示しなければならない。

これらのことを踏まえ、設定温度範囲以外の煙は竹酢液採取用煙突を通過しない構造（特許申請済）の竹酢液採取用煙突を開発した。高品質で付加価値の高い商品を生産しないことには、競争力（最近は国際競争力である）が身につかないのである。

竹酢液採取用煙突

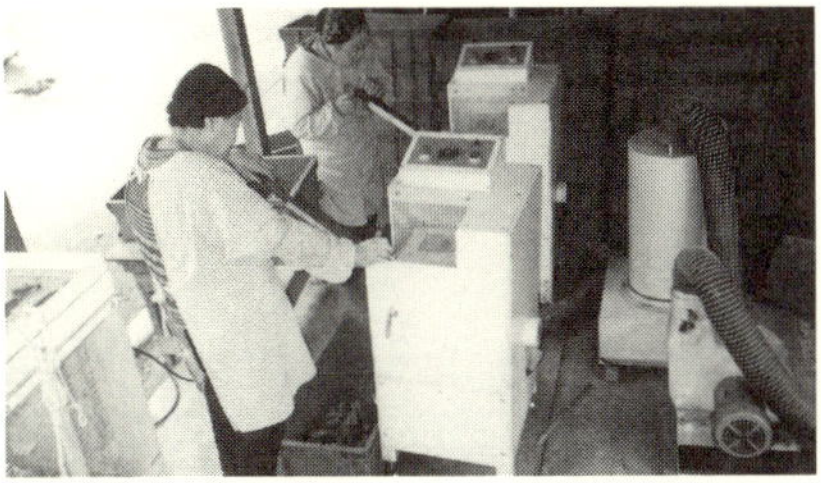
自動竹炭切断機

竹炭専用切断機「炭ちゃん」

竹炭を商品化するためには、長さを用途に合わせて切断しなくてはならない。先に竹炭の製造現場に労災事故が多いと述べたが、なかでもケガが多いのが竹炭の切断工程である。なぜなら、切断前の竹炭は実に自動機には向かない形状であるからである。自然素材のために幅や厚さ、ねじれ、節の位置反りなど、固定や位置決めの基準にできる形状がないのである。したがって熟練した作業者が一本ずつ手作業で、反りやねじれに合わせて長さの取りやすいところを手際よく切断している。

そんな熟練の作業を、まったくの素人が同じ効率で竹炭の切断を可能にしたのが「炭ちゃん」である。丸のこぎりの位置が機械本体の中央にあることでケガの心配がなく、炭切りの経験がまったくなくても熟練の経験者と同じ効率の、ワンカット０・７秒で炭を切ることが可能である。

また、竹炭を切断するときに発生する粉塵も環境を悪くしている。「炭ちゃん」は初めから炭の粉塵の処理も考慮した設計のため、作業環境は実に快適できれいな作業場となる。

安全を第一にした設計で作業環境も配慮し、しかも安価な機械の開発は多くの困難があったが、画期的な価格で商品化することができた。

移動式竹粉製造機「竹粉機」

竹炭の市場は従来の炭の市場から、より竹炭の機能を利用する専門的な市場と、オブジェやアレンジといった素材の形から受けるファッション的な要素から受け入れられる市場に大別できるようになってきた。そんな変化に、弊社からの提案でできたのが、生竹をミクロンの粉にしてのち炭化して、飼料や肥料、土壌改良のための炭にする機械である。

その開発のために、従来、炭やきをするために行っていた作業工程を根本から見直した。

竹林の中で生竹をミクロンの竹粉にすれば運搬が容易になり、より効率的である。針状の繊維がない竹粉を簡単な器に入れて通常の炭やきをすれば、粉炭が簡単にできる。竹林から竹を切り出し切断工程や燻煙乾燥、立て込み、選別切断、または、粉砕の工程すべてが省略でき、なおかつ付加価値の高い粉炭ができる新たな用途の粉炭の製造が現実的になる。生の竹をミクロンの粉末にできれば、その用途は食品、飼料、肥料、敷き料など身近に使われる可能性が大である。

竹をより自然な形で地域の特産品にしたり、地産地消をシステム化する取り組みのために、お役に立てるような安価で安全な機械の開発を目指している。

移動式竹粉製造機

第 4 章

竹酢液の採取法と精製のポイント

竹炭・竹酢液の両方を効率よく採りたい

竹酢液生成のメカニズムと採取時期

谷田貝光克

竹の成分の熱分解温度

竹は木材と同じく、セルロース、ヘミセルロース、リグニンの3種類の成分が量的に多い。いわゆる主要三大成分である。建物でたとえるならばセルロースは鉄骨で、その間を埋めるコンクリートがリグニン、コンクリートと鉄骨をなじませるための針金あるいは鉄骨に付けられた突起などが、ヘミセルロースであるといわれている。

これらの成分はいずれも高分子で、加熱していくと分解され小さな分子に変化するが、その温度はそれぞれ異なっている。ヘミセルロースが最も早く180℃近辺で分解し始め、セルロースが240℃、リグニンが280℃で熱分解を始める。最も激しく分解する温度はそれぞれ180～300℃、240～400℃、280～550℃である。

リグニンの熱分解で生成するフェノール類

リグニンはフェノール類を基本骨格として、フェノール類がいくつも重合した形をとっている。木酢液や竹酢液中のフェノール成分は、このリグニンの分解によって基本的に生じてくる。

針葉樹、広葉樹、竹の間で、リグニンには少しずつその構造に差がある。従って分解して酢液中にたまるフェノール類にも針葉樹、広葉樹、竹によって差が出てくる。

しかし、もとの炭材に含まれていたリグニンのフェノール類が、必ずしもそのままの形で木・竹酢液成分として得られるわけではない。

それは、リグニンが一度分解し低分子になったフェノール類が、炭化中の熱で再度、二次的に分解され、最初と異なったフェノール構造に転換されることも多いからである。広葉樹には多いが、針葉樹にはあまりみられない構造を持ったフェノール類が針

製品化された竹酢液

竹成分の熱分解で生成する竹酢液

葉樹の木酢液にも含まれていることがあるのは、そのためである。

炭材のリグニン中に多く含まれるフェノール類の構造を持った化合物が、必ずしも木・竹酢液中に多く含まれるとは限らない。

炭化温度で変わる煙の色

炭窯に点火し炭材に着火すると、白色の煙が出てくる。これは炭材中の水分が水蒸気となって放出されるためで、炭材が乾燥していく段階である。このときの煙は水っぽく、竹酢液成分はほとんど含まれていないので、採取は避けたほうがよい。このとき、煙突の出口の煙の温度は80℃以下で、炭窯内の温度は300℃以下である。

次いで、白っぽい煙に黄褐色が混じった煙が出てくる。これは鼻をつき、焦げ臭いにおいがする。この付近の煙の出始めが80℃前後である。この色の煙は、150℃前後まで続く。炭窯内の温度は300℃から450℃前後である。

この温度帯を過ぎると刺激臭が次第になくなり、

むしろ微かなよいにおいがしてくる。煙の温度は180℃を超えて200℃前後になる。炭窯内の温度は450℃前後になり、リグニンの分解が激しくなってくる。

この状態がしばらく続き窯内の温度が500℃を超えるようになると、白い煙に青い煙が混じるようになる。このときの煙の温度は200℃を超え、300℃近辺にまで上昇する。

次いで窯内の温度は600℃を超え、煙は次第に薄紫となり、さらに煙の量が少なくなり、最後には無色の煙が出るようになる。煙の温度が150℃を超えるとベタついてきて、タール分の多い煙となる。

最初と最後の煙は採らないほうがよい

点火してすぐの白っぽい煙には水分が多く、比較的沸点の低いホルムアルデヒドなどが多く含まれている。また、リグニンの分解が激しく起こる500℃以上ではベンツピレン等の有害物質が含まれてくる可能性がある。有害物質を含まない良質の竹酢液を採取するには、白っぽい煙に黄褐色の色が混じりだした時点から青い煙が出始めるまでの間がよい。

煙の温度でいえば80℃から150℃までの間だが、わが国古来の黒炭窯のような構造からいえば、窯の入り口から点火した火が徐々に煙突のある窯の後方に移っていくことになるので、窯内では常に着火状態と炭化最盛期、および炭化過程の終盤状態が混合した状態にあることになる。

従って炭やき開始直後と炭やき終了時を除けば、量的には少ないものの常に炭化初期と炭化後期の煙が混じっていることになる。採取後の粗木酢液に静置などによる精製が必要になってくるのはこのためである。

採取する煙の温度を見て、たとえば、80～150℃の煙を採取すれば有害物質の混入はほとんどないといえるが、炭窯の構造上完全とは言い切れないので、採取後の精製は不可欠である。

竹炭製造法による採取装置と採取法

谷田貝光克

煙突を付ければ採れる竹酢液

バイオマス資源を有効に利用しようという考え方が世の中に浸透し、いままで廃棄物として焼却処分されていたような植物資源が炭材として利用されるようになってきた。

一昔前なら木炭にするのに適した炭材といえば、コナラ、クヌギ、ウバメガシといった雑木に限られていた。それがいまでは、スギ、ヒノキなどの間伐材、オガ粉、竹、ダム流木やマツ枯損木、籾殻に至るまで炭材として利用されるようになった。竹林では、よいたけのこを採るには竹林を間伐し、竹の生育環境を整えなければならない。そうして得られる竹はかたくて表面積の大きい炭ができるので、格好

煙突口に冷却パイプを取り付ける

長くつないだ冷却パイプ

集煙装置

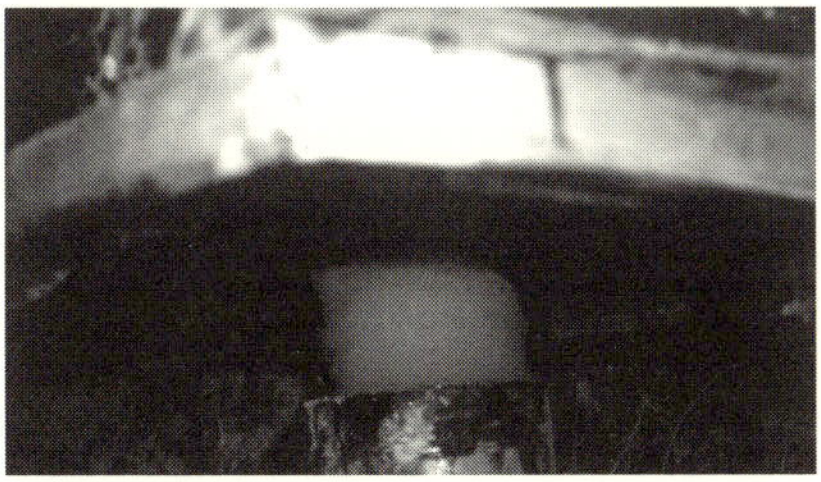
煙が集煙装置にのぼっていく

の炭材となる。

種類・形や大きさが違っても、炭材を炭化するとき排出する煙を凝縮すれば、木・竹酢液を得ることができる。

収率や成分組成は炭材の種類によって異なってくるが、木・竹酢液を採取する原理はみな同じである。大気中に放出される煙をステンレスなどの煙突で冷やせばよい。いわゆる空冷、空気による煙の冷却である。排出する煙を大気中に逃がさずに、少しでも効率よく凝縮させようとするならば、煙突の部分を水などで冷却すればよい。

図1　曲がり土管と竹を利用した木・竹酢液採取装置

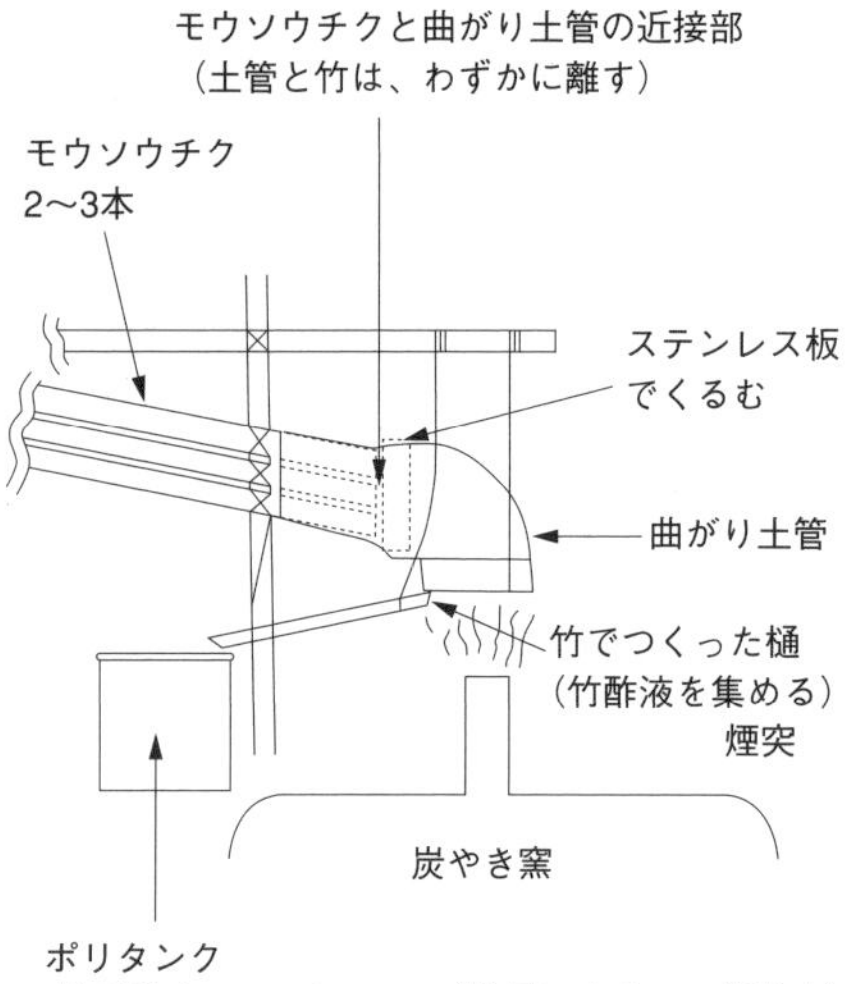

（鶴見による。一部改変）

炭化炉に煙突を付けるには

竹酢液がよい収率で採れても、よい品質の竹炭も同時に採れなければ意味がない。竹炭・竹酢液の両方を収率よく採るには、煙突を付ける場所に少しばかりの工夫がいる。

図1に示すように、炭化炉の煙の出口（排煙口）に直接煙突をくっつけず、煙突と排煙口の間に10～20cmほどの隙間をあけることである。こうすることで煙突内の空気の流れがよくなる。いわゆる煙突の空気の引きが適度になり、排煙は効率よく進み、炭化炉内の炭化も順調に進むことになる。

排煙口と煙突を直接くっつけたり、近すぎれば、煙突が長くなった状態になり、炭化炉内の空気の流れに影響が出て、できてくる竹炭の品質にも影響を及ぼす。

排煙口と煙突の間の距離が長すぎれば、煙が煙突の外に拡散して竹酢液の収率が悪くなるし、煙突の

図2　木・竹酢液採取装置の例

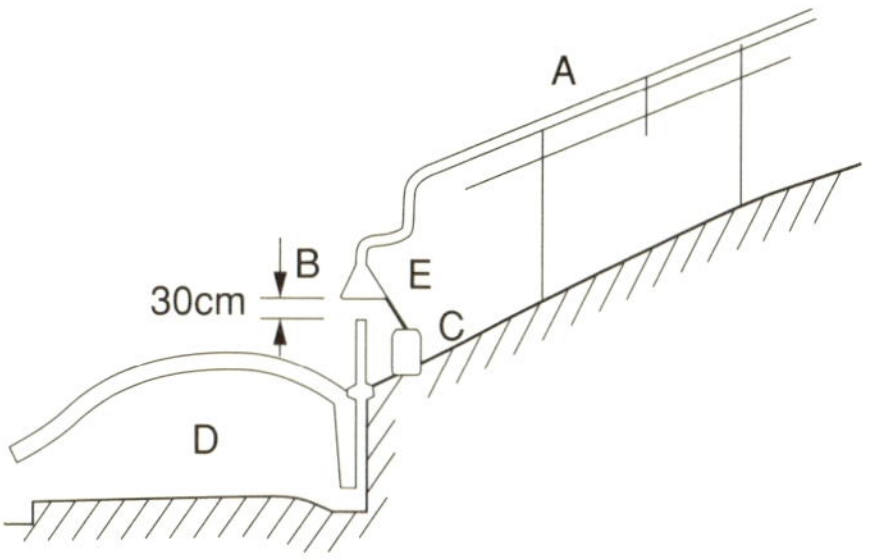

A　回収装置
　　ステンレスパイプ
B　回収装置フード
C　竹酢液タンク
D　炭窯
E　竹酢液流送パイプ

（岸本による）

図3　竹などを利用した
　　　木・竹酢液採取装置

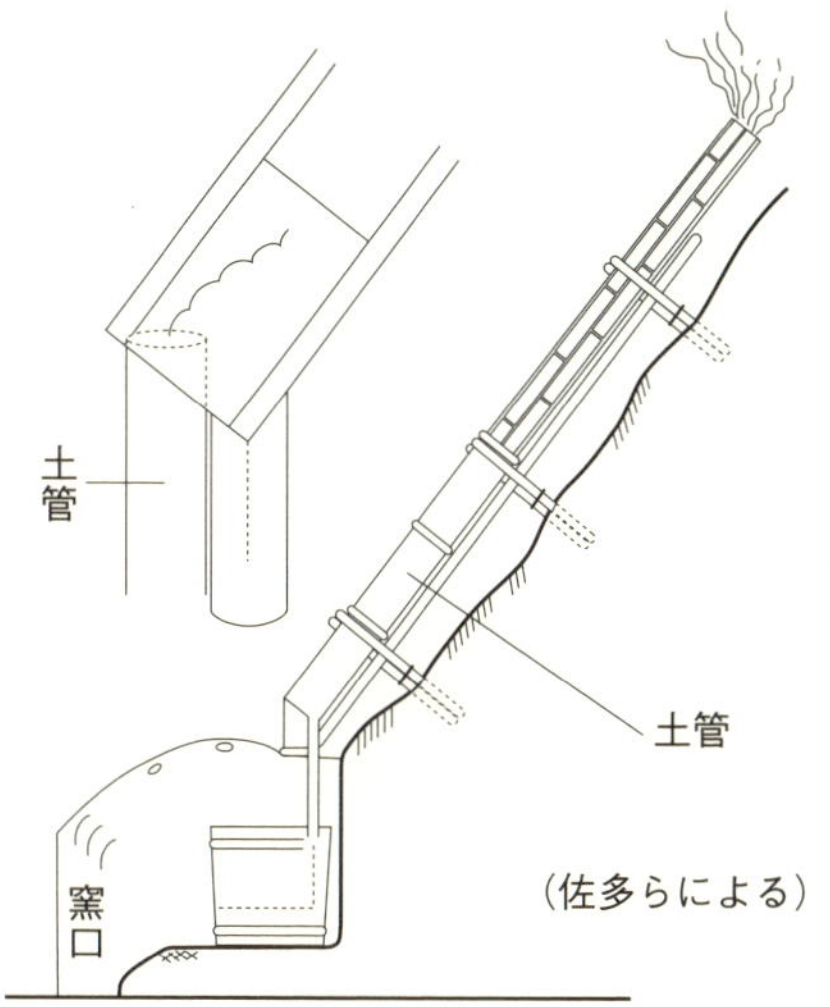

（佐多らによる）

引きが悪くなるので、このときにも竹炭の品質に影響を及ぼすことになる。

　煙突と排煙口の間に竹を割ってつくった樋などを置き、その先にポリタンクなどの容器を置けば、竹酢液はひとりで集めることができる。このときに炭化初期の煙と炭化後期の煙は集めないで除くのがよい。

　もうひとつ大事なこと。それは木酢液もそうだが、竹酢液は酸をたくさん含み酸性が強いので、耐酸性の容器を使うことである。鉄性の容器など酸に弱いものを使えば容器が腐蝕するし、腐蝕で溶け出した金属が竹酢液を汚染することになる。

炭化炉の種類によって煙突を工夫

　黒炭窯のような本格的な土窯で竹酢液を採取する場合には、図2に示すようなステンレス製の集煙おおいを付けた長めの煙突で採取する場合が多い。

　最近は炭材の種類に合わせて小型のさまざまな機械炉が販売されており、それぞれに工夫した竹酢液採取装置が取り付けられている。機械炉の場合、煙

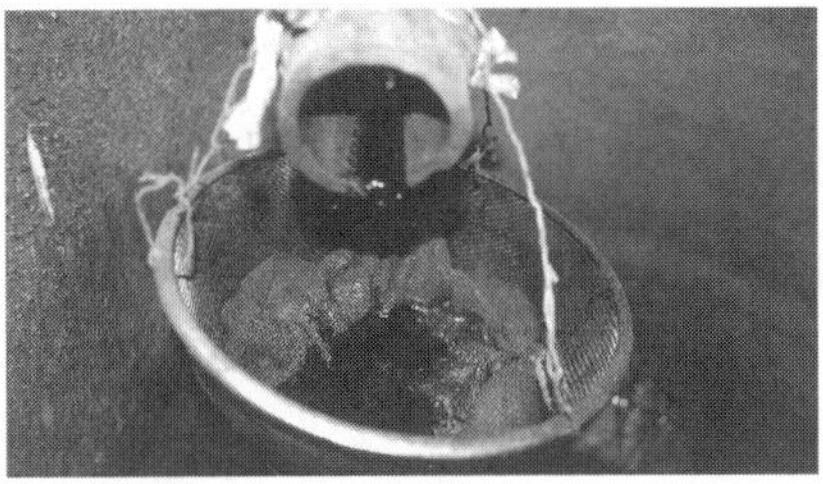

竹酢液を導く樋（竹製）と容器

竹酢液をためるタンク（中央は炭を詰めたフィルター）

モウソウチクを生かした竹酢液採取装置

突の周囲に冷却水をめぐらした冷却装置が取り付けられている場合もあるが、あまり一般的ではない。

可搬式炭化炉に取り付けられた竹酢液採取器もある。ステンレスのボックスに竹酢液が採取されるしくみである。

移動式炭化炉の場合、煙突下部に穴をあけ、煙突の下に掘った穴に容器を置いて竹酢液を採取する。伏せやきの場合も同じように炭材を並べた脇に穴を掘り、そこに竹酢液採取用の容器を置けばよい。

最近、愛好家の間で手軽に行われているのがドラム缶を利用した炭化である。この場合、排煙口の上に煙突を付ければよい。

煙突ひとつを炭化炉に合わせて付ければ、竹酢液はいつでも採取できる。高価なステンレスの煙突のかわりに、少し太めのモウソウチクの節を抜いたものを使用してもよい。

竹酢液の成分組成を安定させる粗竹酢液の精製法

谷田貝光克

手軽で簡単な静置法

炭窯の煙突によって冷やされ、凝縮して煙突下部にたまる竹酢液は、懸濁物（竹酢液中に浮いている細かい粒子）を含んでいるので、採取したてのものをそのまますぐには使えない。懸濁物は一日、そのまま静置しておくと下方の沈澱タールの中に沈み、その上に透明な粗竹酢液ができる。しかし、その後も徐々に粗竹酢液中の成分の重合、あるいは酸化などが起こって懸濁物が生じたり、器壁の汚れが起こる。とくにフェノール成分とホルムアルデヒドなどのアルデヒド成分が重合することが知られている。

　そこで、このような反応を進行させ、含まれる成分の組成を安定化させるために、粗竹酢液を容器に入れ、そのまま直射日光が当たらない日陰の比較的涼しい場所に静置させるのが静置法である。寝かせておく間の容器と静置する場所の確保は必要だが、他の精製法に比べ、費用と手間がかからず、最も簡便な方法である。

　木・竹酢液を取り扱う団体によって静置期間に差があるが、いずれも3カ月以上の静置期間を推奨している。長ければ長いほうが粗竹酢液の成分組成は安定してくるが、粗竹酢液を入れる容器と場所の問題があるので、適度な期間を経たら静置を終了させる必要がある。

　静置は２００ℓ程度の小さな容器に入れておく場合もあるが、数トン単位の竹酢液を貯蔵できる大きな貯蔵庫を使用している場合もある。長期間、酸性の強い竹酢液を貯蔵することになるので、容器は酸に強い材質のものを使うことが大切である。通常は耐酸性のポリタンク、ほうろうびきの容器、ガラス容器などを用いる。

　静置後、容器の器壁に付着物が生じ、また沈殿物が生じるので、ろ過して使用する。ろ過後、再び沈殿物や付着物が生じるようだったら、再び静置を繰り返す。

懸濁物を取り除くろ過法

ろ紙やフィルターに粗竹酢液を通過させて、懸濁物などをろ過する方法である。懸濁物や粗竹酢液の上部に浮いている油膜が多いと、ろ過の際に目詰まりを起こし、ろ過の速度が極端に遅くなるので、ろ紙やフィルターを交換することが必要だ。油膜だけはろ過の前に吸い取るなどして取り除いておくと、その後のろ過の操作がはかどる。

竹酢液を貯蔵する（京都西山竹炭振興組合）

ポリタンクで静置

大量に処理する場合には木炭や活性炭などをろ材として用いることがある。ほかにも各種吸着剤をろ材として用いることができる。

下部にコックの付いた円筒（カラム）に吸着剤を半分程度まで詰め、上部から粗竹酢液を流し込み、吸着剤を通過させてカラム下部から精製された竹酢液を採取する。吸着剤としては木炭粉、活性炭のほか、シリカゲル、セライト、珪藻土などが用いられる。セライトは珪藻土の一種である。

カラム下部から流出する竹酢液の色を見て流し込む前の粗竹酢液の色と変わりなければ、吸着剤が懸濁物などで飽和してしまい吸着能力がなくなっているので吸着剤を交換する。カラムがなければ、大きめのロートの下部に脱脂綿を詰め、その上に吸着剤をのせてろ過してもよい。脱脂綿だけでも懸濁物を取り除くことはできる。

吸着剤を粗竹酢液が通過するときに一部の成分が吸着されるので、流出する竹酢液の物性は、ろ過する前のものとは異なってくる。吸着材が多すぎると

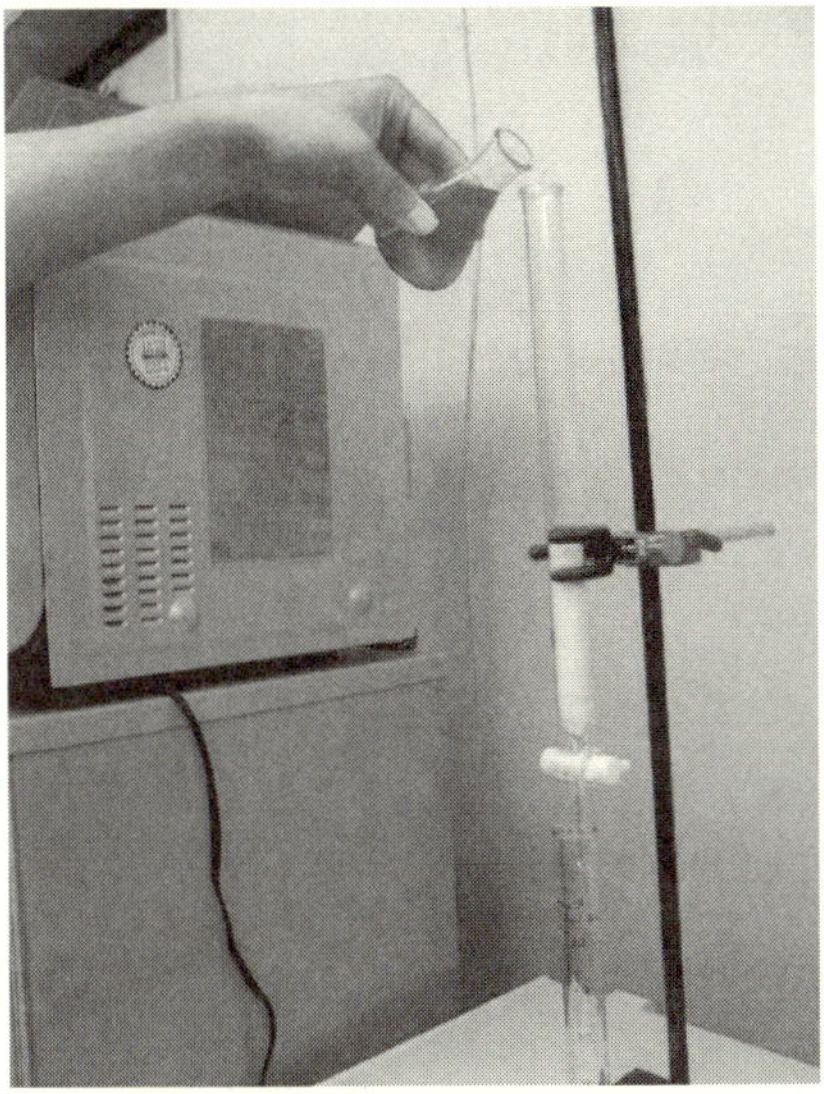
充填剤を詰めたカラムで竹酢液を精製

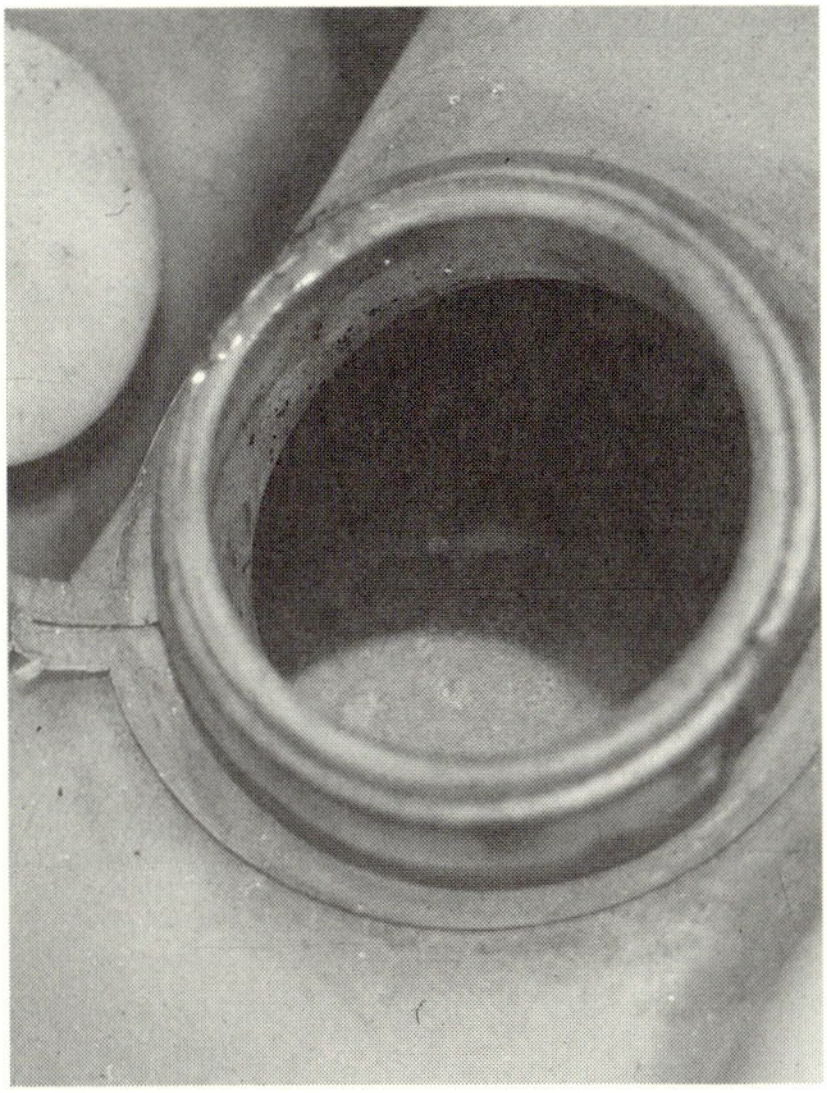
耐酸性のポリタンクなどを容器にする

成分的には安定した竹酢液が求められている

活性成分まで吸着されるおそれがあるので、注意を要する。

不要な物質を確実に取り除く蒸留法

蒸留法は、化合物の沸点の差を利用して混合物を分離、精製する方法である。小規模で行うときにはガラス器具を組み合わせて行うが、大規模に行うときには特殊な専用の蒸留装置が用いられる。

化合物はそれぞれ異なる沸点を持っているので、多くの成分の混合物である粗竹酢液を徐々に加熱していき、沸点の低い順に蒸発してきたものを冷却、捕集して必要な化合物を得る方法である。

　化合物間の沸点の差が大きい場合には蒸留による分離、精製は効を奏する。竹酢液のように水がその大部分を占め、また水に近い沸点を持つ酢酸の含量が多い竹酢液のような場合には、蒸留初期の低沸点部分と蒸留後期の高沸点部分の分離は可能であるが、中間領域での化合物の分離は困難である。しかし、重合を起こしやすいアルデヒド類は低沸点部に存在し、ベンツピレン等の有害物質は高沸点部に存在するので、蒸留法では確実にこれらの物質を除去することが可能である。

　蒸留法には、大気圧下で行う常圧蒸留と、減圧下で行う減圧蒸留がある。操作には多少の技術と経験を要するが、蒸留によって精製された竹酢液はその後の変質が少なく、成分的に安定である。

成分のグループ分けに役立つ分配法

　多成分からなる混合物の竹酢液を、酸性部、フェノール部、中性部、塩基性部のグループごとに試薬を用いて分ける方法である。どの部分が殺虫作用や植物の生長促進に関係しているかなどの、活性部分を究明するときに有効である。

　研究用によく用いられる方法であるが、操作が複雑なので一般の竹酢液の分離、精製には用いられない。

　代表的な操作例を図4に示す。

図4　分解法による竹酢液の分離・精製

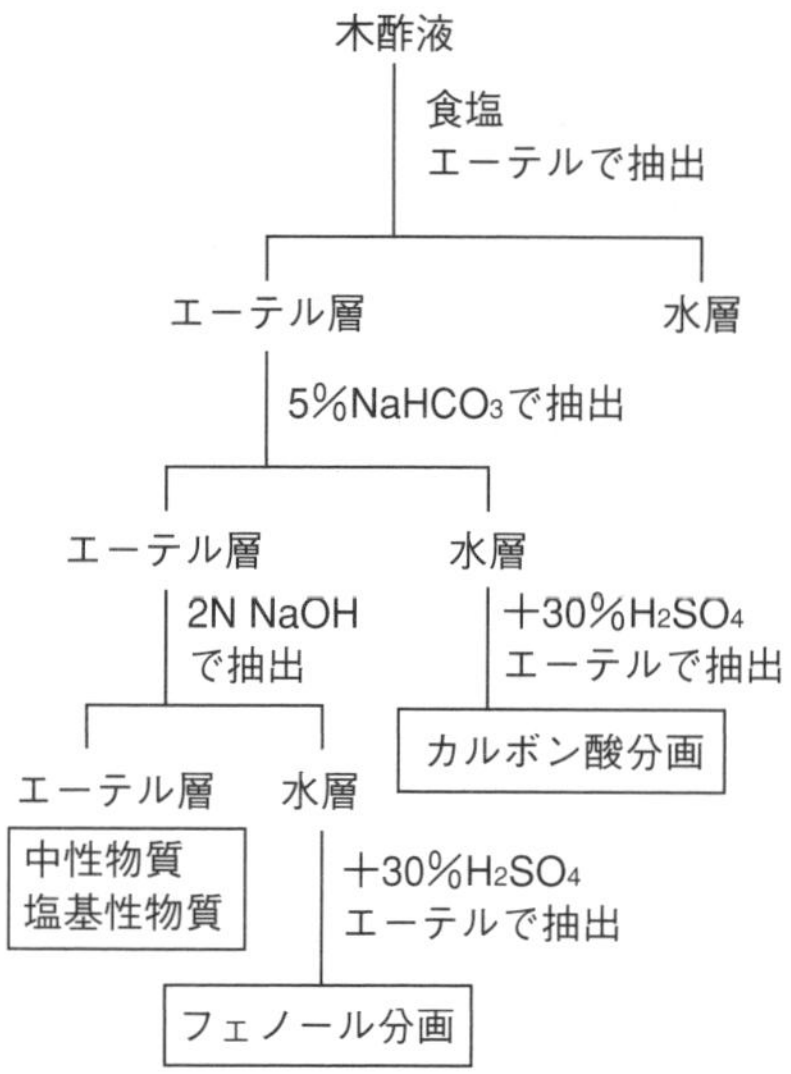

第５章

竹炭・竹酢液の規格、基準化へ向けて

竹炭も製造履歴が求められる時代に

竹炭の規格、基準化への取り組み

立本英機

竹炭を効果的に使うために

わが国の竹類は、北は北海道から南は沖縄県まで広く分布している。昔から竹と人とのつながりは深く、平安初期にできた最古の作り物語である「竹取物語」をみても、そのことがうかがえる。生活の中における竹の用途は多種多様である。近年、循環型社会形成の一環として未利用系および廃棄物系バイオマスの新たな利用として、「炭化技術」を駆使した方法が取り入れられている。

一般に有機質系および木質系の物質を炭化してできる炭化物は、活性炭をはじめ、木炭や竹炭、その他実に多くのものがある。炭化物であっても、外見上や形態上および物理的、化学的に性質が異なる場合が多く、そのために、吸着特性を生かした使い方も複雑である。

最近は、竹を素材とした炭である「竹炭」の用途が広まっている。しかしながら、竹炭とその用途とのかかわりをみると必ずしも満足したかかわり方をしていない。

そこで、そのかかわり方を明らかにして、竹炭の特性とその理に合った用途を見いだし、効果的に使用するために、竹炭の規格や基準を定めることが重要である。

炭化物の規格の現状

従来の炭化物については、まず燃料用とした石炭、コークスおよび木炭の固定炭素、揮発分、灰分といった項目の規格が定められている。特に活性炭については日本工業規格（JIS-K-1474）、日本薬局方：薬用炭、食品添加物公定書、醸造用資材成分規格と試験法、日本水道協会規格JWWA、K113といった公定試験方法があり、それらの試験項目を一覧（表1）してみると活性炭の使用用途に応

表1　活性炭の公定試験方法一覧

試験項目	A	B	C	D	E
液相吸着性能に関する項目					
ヨウ素吸着性能	○				○
メチレンブルー吸着性能	○	○			○
カラメル脱色性能	○				
硫酸キニーネ吸着力		○			
フェノール価					○
ABS価					○
メラノイジン脱色力				○	
気相吸着性能に関する項目					
1/n溶剤蒸気平衡吸着性能	○				
粒子形状に関する項目					
粒度	○				
ふるい残分					○
粒度分布	○				
かたさ	○				
充填密度	○				
夾雑物などに関する項目					
強熱残分	○	○		○	
pH	○	○		○	○
導電率					○
塩酸塩		○	○	○	
塩化物	○	○	○	○	○
硫化物		○			
シアン化合物		○			
酸可溶物		○			
ヒ素	○	○	○	○	○
亜鉛	○	○	○	○	○
カドミウム	○				○
鉛	○	○	○	○	○
鉄	○			○	
乾燥減量	○	○			○
発火点	○				

A：日本工業規格JIS-K-1474-1991
B：第1改正日本薬局方　薬用炭1986
C：食品添加物公定書1987
D：醸造用資材成文規格と試験法1987
E：日本水道協会規格JWWA K113-1985

じて試験項目が異なっている。木炭についてみると日本農林規格および新用途木炭規格が定められている。

また、それらの規格値を表2～4に示す。規格値をみるとたとえば、水環境基準値よりも高い値が示されているものもある。これらの値は活性炭自身が持つ各項目の値であって、その値が直接水環境へ影響を与えるものではない。それらの値が著しく高いときには、水に浸漬させたときにそれらの項目のものが溶出する可能性がある。

表中の単位が％表示のものがあるが、1％は1万ｐｐｍである。環境で使用される単位は小さいので注意を要する。筆者の経験では、炭化温度が400度℃前後の木炭を小川の水浄化に使用したところ、初期のＢＯＤ（生物化学的酸素消費量）値が23～28mg／ℓの範囲にあった水質が浄化した場合37～49mg／ℓの範囲にまで増加した。あとで使用した木炭によるＴＯＣ（全有機炭素量）の溶出試験を行った結果、使用前後では2・7倍のＴＯＣ濃度が検出された。

これは木炭製造時の炭化温度が低かったためにリグニンが溶出し、ＴＯＣ濃度を高くしたことがわかった。活性炭は炭化後再び賦活という工程を経るので、リグニンやタールといった有機物の溶出はないが、木炭の場合は炭化温度が低いと有機物が残ってお

表2　日本薬局方における薬用炭規格

pH	中性
塩化物	0.142%以下
硫酸塩	0.192%以下
硫化物	不検出（定性）
シアン化合物	不検出（定性）
酸可溶物	3.0%以下
鉛（重金属）	50ppm以下
亜鉛	不検出 （定性約100ppm以下）
ヒ素	2ppm以下
乾燥減量	15.0%以下
強熱残分	4.0%以下
硫酸キニーネ吸着力	
メチレンブルー吸着力	

表3　食品添加物公定書における活性炭規格

塩化物	0.53%以下
硫酸塩	0.48%以下
亜鉛	0.1%以下
鉛	10ìg/g以下
ヒ素	As_2O_3として4ìg/g以下

表4　JWWA選定基準

品質選定項目	品質選定標準	
フェノール価	(—)	[<25]
ABS価	(—)	[<50]
メチレンブルー脱色力	(mℓ/g)	[>150]
ヨウ素吸着力	(mg/g)	[>1000]
乾燥減量	(%)	[20〜50]
ふるい残分	(%)	[<10]
pH値	(—)	4〜10
導電率	(ìÙ/cm)	<900
塩化物	(%)	<0.5
ヒ素	(ppm)	<2
亜鉛	(ppm)	<50
カドミウム	(ppm)	<1
鉛	(ppm)	<10

り、それが水中へ溶出する。このことは木炭のみならず、竹炭やその他、いろいろな材料を炭化した場合でも低温炭化のときは、同様な現象が起こり得ることを示している。

炭化温度と溶出試験

炭化温度、溶出時間および金属類（珪酸、鉛、ヒ素）とＴＯＣの溶出濃度の関係を調査した。竹炭の炭化温度と溶出試験の報告はほとんどなく、予備的に行った結果によると炭化温度が３００℃から７００℃の範囲では、傾向的には炭化温度の低い状態でつくられた竹炭はｐｐｍオーダでＴＯＣ濃度は時間とともに高くなり、また金属類はｐｐｂオーダではあるが、わずかに検出される。従って、竹炭の使用用途によっては炭化温度と溶出試験を検討しなければならない場合がある。

とくに飲食用に使用するときには注意を要するが、活性炭の場合と同様に現段階ではあまり問題はないと思われる。しかし多岐にわたる原料と幅広い用途開発によっては今後大きな課題となる。基礎データを蓄積し、詳細に検討する必要があるだろう。

竹炭の規格と品質

竹材の種類をみるとモウソウチク、真竹、笹類、その他があり、またそれらの生育年齢、産地により竹そのものの品質が異なる。

製造時の炭化窯、たとえば土窯（白炭やき窯、黒炭やき窯）や機械窯（バッチ式窯、連続式炭化炉）による違い、焼成温度と昇温速度、精煉・ねらしといった製造時の条件、さらに硬度、比重、粒度、水分、比表面積、孔の大きさとその分布状態、細孔容積、メチレンブルーやヨウ素の吸着量、pH、導電率など物理化学的条件も変化するので、多くの基礎データを集積し、多面にわたって、いろいろと検討することが大切である。

竹炭の役割と使用目的を明確に定め、新用途に合った品質と規格を定めなければならない。できる限り、使用者が用途に合った規格で、しかも簡単に性能が見極められる手法による規格でなければならない。使用目的を明確にしておけば、「竹炭であれば、どのようなものであってもよい」といったことはいえないであろう。生産者は使用用途に合った竹炭を供給し、消費者は使用目的に合った竹炭を使う。多くの人がよい竹炭を上手に使うために、竹炭の規格と品質を定める意義がある。

竹炭の標準化をめざして

循環型社会形成促進法に準じて、種々の建築廃棄物の有効利用として廃棄物を炭化し土壌改良用、調湿用、水質浄化用などに応用しようという試みが至るところで計画・実施されている。まだ多くの炭化物はかつての燃料用の炭の感が強く、使用用途に適した炭化物を得るには広く検討を加えなければならないことが多い。

前述したように、活性炭や木炭の規格は定められているが、建築廃棄物など原料によってはまだ標準化が進んでいないものもある。いま広く炭化物としてどのように標準化を進めればよいかを論議しているところである。具体的には原料の種類と表示方法、従来の活性炭のＪＩＳ規格と炭化物の試験とのかかわりおよび産業廃棄物の溶出試験と炭化物の溶出試験、濃度基準と試験方法などである。

いずれにしても竹炭をはじめ、炭化物の標準化の流れを明らかにして、多くの人に多方面にわたって上手に、たくさん使用していただけるようになれば幸いである。

竹炭の品質と規格、基準

鳥羽　曙

急がれる炭の基準化

竹炭や木炭の品質を評価する基準は何かと聞かれても、利用法の多様化の中で何が正しい基準であると答えるのは難しいのではないだろうか。品質を評価する基準が曖昧で、比較のしようがないのが現状であろう。しかしながら放置できない問題であるだけに、このような場合、諸先輩の構築した従来からの評価法が正解であると理解したうえで、事を進めていくのが順当な方法であろうと考える。

ではなぜ、基準化が急がれるのであろうか。

ここ数年、小規模なものから大規模なものまで炭の製造企業が増えたが、その多くが建設廃材や林産廃材を原料とした工業的な炭化産業である。これらの廃材の中には有害物質を含んだままの木質系廃材が多く、二次公害の危険性をはらんでいる。30年前までの伝統的な炭化法でやかれた炭は安全であったが、その神話は崩壊し、現在は量において大部分が危険であると考えても過言ではなかろう。

また、現在は有機物であればなんでも炭にできる時代であるし、また炭と名づけられていることもある。この用語の、広義なものから狭義なものまでの解釈の統一が必要であろう。

竹炭基準化に必要なもの

さて竹炭である。

木炭の全盛期、竹炭は燃料炭の規格の中で雑炭として記載はされていたが、世には出なかったため、おそらくは規格化云々の論議をされることはなかったであろう。原料が同じ木質材料であることから、炭化物の中で木炭または炭という名称の中で、竹炭は論ぜられていたようであるが、竹炭が世に出て研究が進むにつれて、原料の条件による特性と窯の型式による昇温特性、そして炭化温度の高低の複合的

表5　原料基準(案)

項目	記入項目	備考
原料名	モウソウチク	栽培面積が大きく稈は肉厚である(伐採適期がある)
	マダケ	栽培面積が少なく、モウソウチクに比べて稈は細く肉厚も薄い(伐採適期がある)
	笹	自生しているが種類によって太い細いがある(伐採適期不明)
	その他竹種明記	
産地	都道府県名	産地によって材のかたい、やわらかいがある
生育状況	自然竹林	生育状況が良好である
	肥培竹林	粘りがなく、不良竹が多い
竹齢	○年生	たけのこを採る関係上、4年生以上のものを使用。また竹稈の材質は3年生と5年生では5年生のほうがかたい
材の状態	生竹	重くかたいので重量感のある竹炭になる 前処理の効果は大きい 割れは入りやすい
	枯れ竹	軽くやわらかいが割れは少ない
	廃材	カビに冒されていると形状保持が困難である
前処理	有無	前処理の有無は界面的性質と細孔の発達に影響を及ぼす

竹は伐採時期、生育地の違い、生竹か、枯れ材か、若齢か適齢か、前処理の有無によって物性、性状に違いが出る。材料履歴を把握しておく必要がある。

な条件によって機能、性質の異なることがわかってきた。そのために木炭と竹炭の物性について、同列に論ずることができないこともわかってきた。竹という特異な原料特性を持った材で炭化された竹炭と、木炭の差異を明らかにしながら、標準化を図る必要が生じてきた。

このような現状のなかで、生産者の取り組む優先課題は、標準化と表示方法である。消費者に安全で安定した製品であり、その品質が確保できていること

表6　製造基準（案）

窯の種類		特徴	炭化温度
土窯	白炭窯	竹炭に白炭はない	
	黒炭窯	在来土窯 用途別の形状がある	炭化温度によって用途別
機械式窯	バッチ式窯 密閉型窯	用途別の形状がある	炭化温度によって用途別
	流動炉 キルーン炉	用途別の形状がある	炭化温度によって用途別
その他	簡易式窯	用途別の形状がある	炭化温度によって用途別

窯の種類、構造によって昇温速度の遅速と上昇限界がある。高温炭化と低温炭化では竹炭の細孔の発達と官能基のあらわれ方に差が出る。そのため竹炭機能も異なってくる。炭化履歴が違うのであれば、副産物である竹酢液も性質が異なる。このほかに形状重視の工芸用、竹炭の炭化窯と炭化法があるが別規格と考えたほうがいいように思う。

を表示するための基準づくりが必要である。

その基準となるものが原材料の選定基準であり、製造条件の特定基準であり、また、どのような条件下でつくられた製品であるかを科学の目を通して検証したことを示す表示が必要である。

表5では、基準化を進めるために必要とする主要な検討項目を案として示した。

竹は伐採時期、生育地の違い、生竹か、枯れ材か、若齢か適齢か、前処理の有無によって物性、性状に違いが出る。原料基準では、材料履歴を把握しておく必要がある。また、窯の種類や構造によって昇温速度の遅速と上昇限界がある。高温炭化と低温炭化では竹炭の細孔の発達と官能基のあらわれ方に差が出る。そのため竹炭機能も異なってくる。炭化履歴が違うのであれば、副産物である竹酢液も性質が異なる。このほかに形状重視の工芸用、竹炭の炭化窯と炭化法があるが、別規格と考えたほうがいいように思う。

この課題に対し、日本竹炭竹酢液生産者協議会では２００４年度の事業として取り組んでいる。

効果の内容	判断基準			用途別基準
	炭化温度	精煉度	形状	
********	********		板、筒	調湿用
	********			調湿用
				調湿用
			粒状	土壌改良用、調湿用
			粉状	土壌改良用
				調湿用
形状保持材、板状、筒状、人工破砕による粒状(固体状)				調湿用
破砕状の粉炭(形状が崩壊しているもの)				調湿用、土壌改良用
形状保持材、板状、筒状、人工破砕による粒状(固体状)				調湿用、土壌改良用
破砕状の粉炭(形状が崩壊しているもの)				調湿用、土壌改良用
板状、筒状は中稈、先端稈は可能であるが、材の硬、軟によって不能となる根稈部分は不能				調湿用、土壌改良用

表7　製品基準（案）

測定基準	測定要領	測定内容	効果の判定
目視による判定	形状保持 瑕疵の有無	平板状、筒状、粒状、繊維状、割れ、凹凸、表面の荒れ、虫脱出孔、カビ	********
形状による判定	板状	4つ割あるいは5～6つ割したものの節の有無	********
	筒状	丸筒	
	粒状	1. 形状保持、平板、筒状から破砕 2. 形状保持困難なため破砕または破砕形状原型	
	粉末状	同上	
	繊維状	1. 在来炭化法による取出し 2. 爆砕法によるもの	
電気による判定	抵抗値の測定 （方法として木炭精煉計可能なもの）	問題点 1. 抵抗値が同一でも 2. 見た目の形状が異なる 形状崩壊による物性、性状の差異（原料によるもの、炭化法によるもの、装置によるもの）	有効 判定不良
音響による判定	打撃音の測定 （落下、衝突時の放射音圧の周波数の測定）		有効 判定不良
硬度による判定	引っかき傷による硬度の測定	問題点 竹稈の部位で差が出る 特に根稈部への表皮側、内層側の差異が著しい	判定不良

原料履歴と炭化履歴によって物性、性状が異なり品質が大きく左右される

竹酢液の品質と規格、基準

鳥羽　曙

竹酢液の現状

竹酢液の品質を云々する以前に、竹酢液の基本的なことについて整理しておこう。

①竹酢液は竹材が熱分解してできる分解生成物であるために、多成分の混合物である。それゆえに多様なはたらきをする。

②生産方法は小規模でそれぞれ異なる場所、異なる方法で生産されている。従って均一性に欠け、再現性の乏しい製品である。

③生産された竹酢液は酷似はしているが、まったく同一のものでない。従って効果・効能も微妙に異なってくる。

④竹瀝水と竹酢液は別の製品である。

これらのことをよく知ったうえで、安全性に問題のない製品であることを検証して基準化し、表示する必要がある。

竹酢液の位置づけ

２００２年に始まった特定農薬の指定問題（現在特定防除資材）に関連する当時の新聞記事や議論の場において、「木酢液」の名称は使用されても「竹酢液」の名称を並列して使用されることはほとんどなかった。早くから社会への認知活動を続けてきた木酢液に比較すれば、歴史の浅い竹酢液ではあるが「１９５２年の農林省林業試験所研究報告　竹炭に関する研究第１報（三宅、杉浦）」において、竹材を炭化したものが竹炭であり、炭化生成物を竹酢液と呼称することを明文化している。

幸いにして今回、木酢液、竹酢液を短縮して木・竹酢液とした「木、竹酢液認証協議会」が関係6団体によって設立され、規格化、基準化と認証制度の策定に向けて活動が始まった。それとともに公の場において「竹酢液」が併記されるようになったこと

竹酢液自動採取装置

は喜ばしいことである。

規格、基準の必要性

前述したように、竹酢液は小規模な異なった場所で、異なった方法で生産されているため、分解生成物の成分に差がある。また同じ窯でも原料の条件、生材か乾燥材か、枯れ材か前処理材かによって変化する。たとえば木酢液に比較して竹酢液はギ酸の率が高いといわれているが、材の処理の条件と毎時間当たりの温度上昇速度を速めることによって検出されないようになり、有機物の含有率が10％前後となる。

このように竹酢液は、竹材の処理条件と炭化温度の上昇速度を変化させることによって、有機物の含有率が４・７５～10・１９％、有機物中の酸含有率が29・０８～60・５２％、竹酢液中の酸含有率が１・３７～４・７７％と大きく変化する。

いずれにしても、これらのことは出発原料に由来し、炭化温度が原因し、窯の型式によって炭化温度の上昇速度が左右され、その遅速が成分に影響していることを認識したい。

巷ではさまざまな効果・効能を喧伝した商品開発が行われ、玉石混交の状態にあるが、同じ原料から製造された製品でもその採取プロセスからそのままの状態で使用できるものもあれば、採取後に蒸留という工程を経なければ使用できないものもある。それに拍車をかけた形で商品化されているのが、水で希釈したり、あるいは氷酢酸を加えたりして販売する業者のいることである。そのことはすでに社会問題化していることでもあり、防止するには判定基準の作成が必須条件になってくる。

安全性の確認

竹酢液でも木酢液でも、良品と劣品を区別することは専門家でも困難であるし、消費者にとっては不可能に近い。一方、このことを実証値で示すことになると、生業レベルの生産者にとっては大変な負担になる。しかしそれは、基準化を明確な数値で示すことで解決できると考える。前述のように、原料によって現出する特性値があり、製造条件によってあらわれる特性値がある。この値を明確に表示することで解決できるのではないだろうか。

いままでの木・竹酢液の十把ひと絡げの表示法ではなく、樹種、窯の種類、製造条件等を明確に分別した表示法を採用すべきであると考えている。原料の選定、窯の型式、採取器具、採取温度、静置期間が限定されていれば、安全性になんら問題がないことがわかっている。

「福井炭やきの会」では1992年の設立時より、木・竹酢液の規格化に取り組み、どのような条件下で製造すれば安全性が確保できるか、また、均一化できるか、その確認作業を実施してきた。

実施要領は、製造履歴を確認した7事業所で採取した木・竹酢液を3カ月間静置したものを、上・中・下層のそれぞれ1検体ずつの21検体、6カ月静置後、中層より1検体ずつの7検体、合計28検体を、静置のみのもの、蒸留2回に処理したものに区分して、米国自然保護復旧法（RCRA）基準の有害物質であるO．m．p．クレゾール、発ガン性物質といわれている3．4．ベンツビレン、1．2．5．6．ジベンゾ

表8　竹酢液の製造履歴と品質基準（案）

1. 原料	モウソウチク、マダケ、ハチク等の竹の種類
2. 窯の種類	黒炭用土窯、バッチ式機械窯、流動炉等
3. 採取器具	ステンレス製、木製、竹製、陶製
4. 採取温度	75、80、85～150℃
5. 比重	1.003～1.020の間（例1.010±0.005）
6. pH	2.0～3.5の間（例3±0.5）
7. 酸度	2.0～8.0の間（例3±0.5）
8. 外観	褐色～淡褐色～赤褐色～透明液
9. 生産地	○○市○○番地
10. 生産者	日本竹炭竹酢液生産者協議会等

アントロセン、3メチルコール、アンスレンについて㈶北陸公衆衛生研究所で分析した。

その結果、3カ月静置の木酢液の1検体に微量の3・4・ベンツピレンが検出されたが、そのほかの検体は未検出であった。この1検体については、採取温度に問題があったためであり、すぐに改善指導が実施された。

のちの2003年、㈳全国燃料協会が中心となって、林野庁の補助事業で同じ要領で実施した安全性の追跡検査でも、有害物質、発ガン物質は未検出であり、安全性に問題なしという結果が出ている。

このように明確な製造履歴と原料、採取温度、製造機器が限定されていれば、安全性になんら問題のない製品であることを実証できることを指摘したい。そのため、規格化にあたっては、生産管理方式を導入して生産履歴を管理する必要がある。

このような経緯の中で、提案したい製造履歴と品質基準の案を示すと、表8のようになる。

竹炭・竹酢液の品質測定法

谷田貝光克

竹炭の品質がわかる精煉度

竹炭は木炭同様、炭化温度が高ければ高いほど炭素含有率が高くなり、逆に水素、酸素、窒素などの炭素以外の含有率が低くなる。炭素含有率が高ければ電気抵抗が小さく、すなわち電気を通しやすくなる。従って、電気抵抗の大小を測定すれば、炭素含有率のおおよそを知ることができることになる。

電気抵抗の大小を簡易的にあらわしたものが精煉度である。精煉度は、炭化物の電気抵抗の大小を10等分し、電気抵抗の小さいもの、すなわち炭素含有率の大きいものを0として、小さいほうを10としている（表9）。

竹炭も、炭化の度合いによって低温度炭（400℃程度）、中温度炭（500〜700℃）、高温度炭（700℃以上）があり、竹炭によって精煉度には差がある。竹炭は、木炭に比べタール分が少ないが、珪酸が多いので、炭質がかたく、ろ過性がよいという特徴がある。

表9 炭化温度と炭化物の電気抵抗、精煉度等の関係

炭化温度（℃）	電気抵抗（Ω/cm）	容積重	硬度	精煉度
400	5.5×10^{8}	0.51	＜1.0	8
500	5.7×10^{5}	0.52	1.0	5
600	2.3×10^{3}	—	3.5	3
700	0.133×10^{0}	—	5.0	0
800	0.015×10^{0}	0.59	8.0	0
900	0.023×10^{0}	0.60	8.0	0
1000	0.017×10^{0}	0.57	9.5	0
1100	0.012×10^{0}	0.59	9.5	0

精煉度を測るには、電気抵抗計を木炭用に使いやすくした精煉計が市販されている。精煉計の2つの針を竹炭に接触させれば、即座に精煉度がわかる。小型軽量なので持ち運びが簡単であり、炭やき現場で即時に精煉度を測定することができるので便利で

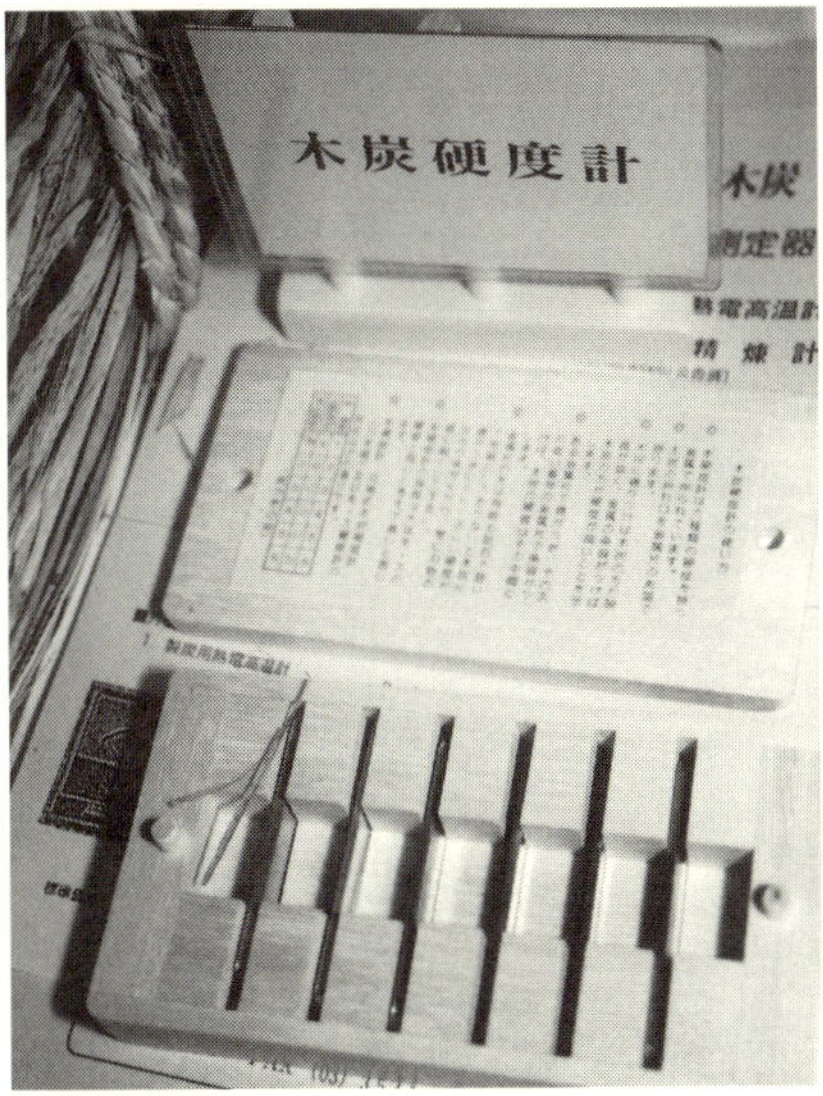

木炭硬度計

木炭精煉計

ある。中温度で炭化された竹炭の精煉度は3～5程度である。

硬度と比重は炭化温度の目安

炭化温度と関係があるのは、電気抵抗のほかには硬度と比重がある。いずれも炭化温度が高くなるにつれ大きな値となる。

硬度は、合金でできた金属片の組み合わせの木炭硬度計で測定する。金属片は1～20に分かれていて、それぞれに番号がついている。番号1が最もやわらかい硬度を示し、20に近いほどかたい。金属片の尖った先で竹炭をこすり、竹炭に傷がつけば炭のほうがやわらかく、金属片のすじがつけば炭のほうがかたいことになる。ある金属片で炭をこすり、炭に傷がつき、さらに一段低い金属片でも炭にすじがつけば、その中間を炭の硬度とする。力の入れ具合で炭に傷がつくか、金属片のすじがつくか微妙に変化するので、慣れが必要である。最近は木炭硬度計用合金の製造が難しく、20段階のうちの5～6段階の金属片からなる木炭硬度計が市販されている。

竹酢液の品質を知るには

ひと口に竹酢液といってもさまざまで、その品質には差がある。色を見ても淡黄色から赤褐色まで幅があり、見た目ではその良し悪しを判断するのが難しい。しかし、浮遊物があるものは静置やろ過などの精製が完全でない証拠なので、明らかに品質が落ちる。

竹酢液の品質の判断にはいくつかの方法がある。

pH

酸の強さをあらわす値である。正確な値を知るにはpHメーターなる測定装置で測定するのがよいが、簡略的には市販のpH試験紙を使えばよい。試験紙を竹酢液に軽く浸し、試験紙の色の変化を標準色と比較し、pH値を知る。

市販のpH試験紙は0から14まですべてわかるものや、狭い範囲に区切りその範囲でpH値をより詳しく知ることができるものもある。竹酢液のpH値は1・0から4・0内に入るのが普通なので、その範囲を測定できる試験紙を入手するのがよい。正常な竹酢液のpH値は3・0前後である。

酸度(%)

これはpHとともに竹酢液の酸性の度合いを知るためのもので、酢酸などの酸を合計した有機酸含有率である。水酸化ナトリウム水溶液で竹酢液を滴定して求めるが、簡単な化学操作が必要になる。

通常、竹酢液の酸度は10%前後である。10%以上のときは酸が強いので、使用にあたっては希釈度を大きくするなどの注意が必要。

比重

市販の標準比重計で測定する。竹酢液をメスシリンダーのような中身が見える筒状の容器に入れ、これに比重計を浮かべて竹酢液の水面が指す比重計の目盛りを読み取る。

古くは重ボーメ比重計が使用されていたが、換算を必要とし手間がかかるので、標準比重計の使用をおすすめする。標準比重計はセットで売られているものがあるが、竹酢液の比重は1・010～1・050程度が標準的なので、その範囲の測定が可能な標準比重計を1本だけ入手すればよい。

木・竹酢液などを加熱、濃縮して溶解。タール含有率を測定

比重計で比重を測る

溶解タール含有率（％）

竹酢液中に溶け込んだタール分の含有率を知るために測定する。竹酢液を蒸発皿にのせ、ガスバーナー直火で加熱して、乾固した黒色残渣の重量を測定して、竹酢液に対する％を求める。

溶解タールは植物の生長阻害などの原因になるので少ないほうがよい。通常は３％以下である。

灼熱残渣（％）

竹酢液を蒸発皿の上でガスバーナー直火で加熱し、灼熱させて赤褐色ないしは黒褐色の固形物を得て、竹酢液の重量に対する％を求めたものが灼熱残渣である。灼熱残渣は不燃物の無機物であり、少ないほうが竹酢液の品質はよい。通常は１％以下である。

色調

竹酢液を無色透明な容器に入れ、目視する。淡黄色ないし茶色から赤褐色程度の色が良質の竹酢液で、重合、酸化が進むと濃色となる。

光の当たり具合で色に変化が出てくるので、光に対して常に同じ角度で目視することが必要である。

第６章

竹炭・竹酢液の主な用途と使い方

床下調湿用に竹炭を敷く

竹炭・竹酢液の主な用途と需要開発

杉浦銀治

多岐にわたる竹炭の新用途

昔は、日本で炭といえば燃料だった。しかし高度経済成長とともに進行した燃料革命により、燃料の主役は石油やガスへと移り、炭の燃料への利用は一部の料理店や野外レジャーでのバーベキューなど、やや特殊な用途に限られるようになった。

一方で、近年では燃料に代わる新たな炭の利用法が注目を集め、炭やきも以前とは異なる形で脚光を浴びるようになってきている。

新用途といわれる炭の新たな利用法とは、炭の多孔質による吸着性を活用した消臭・調湿・水質浄化などといった環境保全・生活改善分野、土壌改良などの農業分野、そのほか建築資材や衣料、食品等々多岐にわたっている。

日本の炭やき技術は世界に誇れるものであり、また炭はそれ自体優れた特質を持つ資材である。長い歴史の中で受け継がれてきた高度な炭やき技術を世界に広め、その文化を次世代に伝えていくことは、現在の炭にかかわる人間に課せられた使命だろう。そのためには、炭の可能性を広げる新しい用途を開拓し、炭の需要を拡大していく必要がある。

各地で竹炭が本格的にやかれるようになってから、まだ日は浅い。しかし、以前は竹炭がなかったかというと決してそうではなく、燃料としてさほど評価されなかったため、あくまでも木炭生産のかたわらでやかれていたというのが事実だろう。しかし時代は変わり、新用途への利用に光が当たるようになると、木炭に並ぶ興味深い資材として、副産物である竹酢液とともに竹炭は俄然注目を集めるようになってきた。

炭やきは森林資源の浪費、枯渇につながるというイメージを持たれがちだが、炭やきこそ森林、竹林整備や里山里地の保護・育成に極めて有用である。

割り竹の炭をダンボール箱に収納

やき上がった丸竹を袋に詰める

竹炭は炭材が竹であることから、そうした環境面での役割はさらに大きいといえる。
たけのこや竹材の需要が安い輸入品に移り、竹林が顧みられなくなってすでに久しい。放置された竹林は周囲を侵食し、全国各地で山林の荒廃を引き起こしている。余剰の竹を伐採しこれを有効に利用する炭やきは、竹林の管理、ひいては森林資源の保護に直結するのである。

竹炭・竹酢液の主な利用法

浄化作用

木炭による河川浄化はすでに全国各地で取り組まれ、実績を上げている。竹炭での実績はまだ少ないが、木炭にひけを取らぬその吸着力は大いに期待できる。水質浄化用の炭は目詰まりなどによる吸着力低下で、定期的に取り替えるのが理想だが、比較的炭材入手が容易な竹炭は大量生産にも向き、これらの用途には有利だろう。

農林水産業への利用

炭の土壌改良材としての能力は優秀だ。昔から篤農家は田畑に炭を入れると農作物がよく育つことを知っていて、これを実践してきた。最近は無農薬や有機栽培への関心が高まっており、竹炭はこの分野でも脚光を浴びている。コストのかからない低温炭化でも効果が期待できる点も、農家にとっては都合がよい。

木酢液に比べて珪酸およびギ酸の含有量が多い竹酢液も、その防虫・殺菌作用に期待が持たれる。両者の併用で、好結果を上げている事例も増えてきているようだ。

床下に竹炭を敷く（東京都・強力企画）

壁や天井への塗炭作業を行う

住宅資材への応用

竹炭の調湿機能などを利用して、居住性空間の改善を図る試みだ。床下調湿のための敷炭や、埋炭、また、粉炭に加工して壁紙や塗料を開発するなどの取り組みが行われている。竹材の段階であらかじめ燻煙、乾燥しておいた竹炭は、より適切な住宅資材として活用されることになるだろう。

シックハウス症候群などが問題となる今日、天然素材である竹炭には大きな可能性がある。

個人ユースの商品開発

産業用・業務用ばかりではなく、個人の生活関連での製品開発も活発だ。冷蔵庫や下駄箱の消臭剤、炊飯用、飲料水用、入浴用、寝具用など、生活密着型の炭の利用は、消費者間でも定着してきている。

一時期の「炭ブーム」は収まったようだが、炭のよさを実感した人々の間では、いまでも根強く支持されている。環境に優しい素材として竹はよいイメージを持たれており、竹炭は竹酢液ともども一層の普及が見込まれる。

◆竹炭・竹酢液の農業への使い方
土壌改良材としての竹炭

名高勇一

農耕地の土壌改良に最適

農業資材として竹炭の最も注目すべき特徴は、その多孔性である。1g当たりの表面積が高温炭化の竹炭で約300㎡、低温炭化では約500㎡もあり、この多孔質による吸着力は、備長炭の10倍という報告もある。

農耕地土壌では、有機物分解過程で水素イオンが発生する。この水素イオンは炭化水素・硫化水素・アンモニアガスなどを生成するのだが、竹炭は水素イオンがこれらの有害物質に変わる前に吸着する。吸着した水素イオンを嫌気性光合成細菌に与えることで、糖類や水などの有用物質へと変えたり、また発生した有害物質をも吸着して中和・分解。土壌環境の浄化に大きな作用を持つ。

さらに竹炭の多孔質形状は、腐食性細菌や糸状菌、放線菌、窒素固定菌などの有用微生物の増殖基材として最適で、作物と共生する菌根菌類も増え、不溶性有機・無機成分を可溶化するはたらきを示す。

竹炭と健全な作物

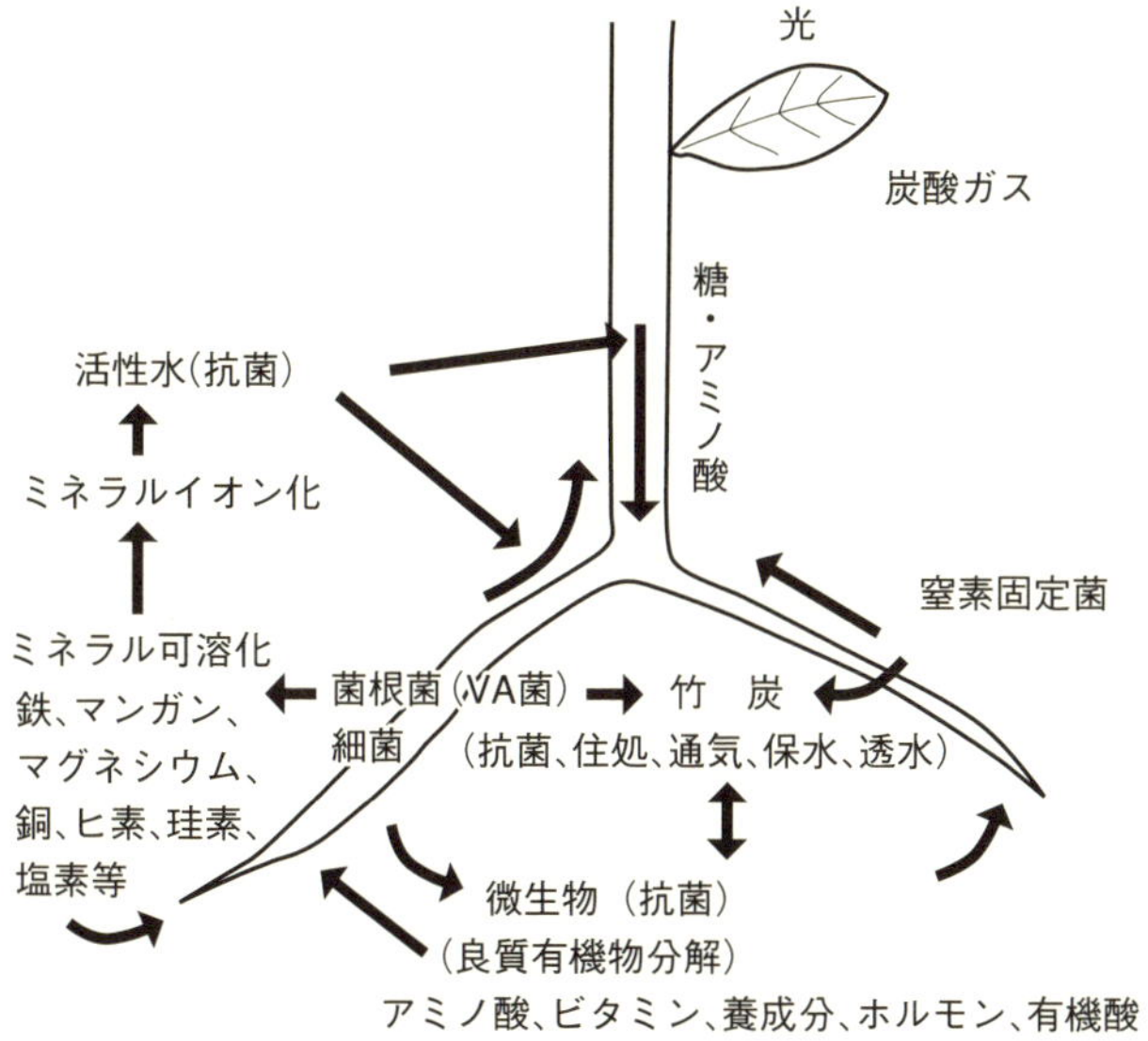

表1　竹炭の灰分の元素量

元素	竹炭			竹灰		
	モウソウチク	ネマガリダケ	マダケ	モウソウチク	ネマガリダケ	マダケ
カリウム	0.85	1.39	0.76	8.65	28.60	14.10
（カリ十ソーダ）		（0.029）			（16.29）	
珪素	0.62	1.63	0.34	19.50	17.80	22.90
（ナラ黒炭）		（0.17）			（0.90）	
ナトリウム	0.01	0.04	0.01	0.59	0.92	0.34
カルシウム	0.05	0.02	0.04	1.38	0.24	1.38
マグネシウム	0.14	0.06	0.06	0.60	1.09	1.48
鉄	0.01	0.02	0.01	0.77	0.12	1.38
マンガン	0.05	0.02	0.01	0.12	0.14	0.60
ゲルマニウム	0.05	0.05	0.05	0.05	0.05	0.05

灰分は竹炭を750℃に設定した炉で燃焼させ、残存した灰量を測定。（　）内はナラ炭。林業試験場『木材加工工業ハンドブック』（丸善、1958版）および谷田貝光克・山家義人・雲林院源治著『簡易炭化法と炭化生産物の新しい利用』（林業科学技術振興所）より作成。

加えて、竹炭の優れたｐＨ調節機能も見逃せない。竹炭の場合、伏せやきやドラム缶窯などによる４００～６００℃の低温炭化でもｐＨ８のアルカリ性を示す。竹炭に含まれるミネラル（灰）は２～５％と木炭より多く、なかでも珪素（０・６２％）とカリウム（０・８５％）は３倍以上もの含有率を示す。これらは水に溶けやすく、植物の茎や葉を堅固にする。ちなみに土窯など中温以上で炭化した竹炭では、珪素やカリウムがガラス化するため、溶出しにくくなる。

そのほか、竹炭を土壌に混入することで通気性、保水性、保温、保肥、透排水などといった物理的環境まで是正することができる。

こうした幅広い機能に加え、むしろコストの安い低温炭化でより効果を発揮する点からみても、竹炭が農耕地の土壌改良資材として非常に適した素材であることがわかる。

農地への竹炭の施用方法

農耕地土壌に使用する竹炭は、ミネラルの溶出性、ｐＨのバランス、また生産コストなどから５００℃

果樹類の畑に穴肥（株周囲5～6カ所）作業中

竹炭・木酢液2000倍灌水栽培のキュウリの根群（健全な根、ミミズが増殖）

左から竹炭粒、粉末（各10ａ当たり300kg）、無処理の根群（モロイヘヤ）

以下の低温炭化のものが適している。また一度に大量の竹炭を施用するよりも、作物の作付けごとに施用して土壌に少しずつ累積させる方法が好ましい。

土壌の性質にもよるが、土壌中の竹炭の累積が10ａ当たり１ｔ程度が目安で、これで土壌形態が安定すれば、以後竹炭の補充は年1回ですむ。処理後3年たった竹炭粒を調べると、その保水性および保肥性はまだ十分機能していることがわかる。

竹炭の施用された土壌は土が膨軟になり、ミミズも多く、土壌病害も軽減される。従って、作物は細根が増え、根張り、茎葉もしっかりとする。

竹炭を土壌に施用する際に留意するのは、必ず用土と混入することである。単に表土へ散布しただけでは効果は期待できない。

具体的な混入方法は、作物ごとの栽培体系に沿って、行うことが大事である。

一般の露地野菜や草花、花卉の圃場《ほじょう》や水田では、播種・定植前に竹炭を全面散布し、その後用土ごと耕耘する。

果菜・果樹類、ハウスによる多年生切り花、庭木などの定植時には、定植畝や株下に溝を切り、堆肥、肥料（ボカシ肥）および土と竹炭を混合して埋める。

果樹類、庭木は枝先まわりに直径30㎝、深さ40㎝ほどの穴を5～6カ所掘り、堆肥、ボカシ肥、土と竹炭を混合して埋める。

ハウスや露地の多年生切り花の2年目以降は堆肥、ボカシ肥とともに灌水の届く範囲の株間に散布し、その後敷草でおおう。

果樹類や庭木など表土を中耕できるものでは、堆肥、ボカシ肥とともに中耕を行う。鉢物には竹炭を用土に3％、育苗用土には5～10％混入する。

ボカシ肥に竹炭を活用

作物の生育に適した肥沃な土壌とは、有機物の腐植が多く、多種多様な有用微生物群（腐生性細菌、糸状菌、放線菌光合成細菌、窒素固定菌、乳酸菌、酵母菌、トリコデルマ菌、菌根菌など）が生息できる土壌のことである。そうした微生物群は土壌中の有機物を分解し、作物に必要な養分、ビタミン類、アミノ酸、核酸類、ホルモン類を生産し、健全な生育を助ける。また、多種類の微生物が生息している環境では一定の有害菌が異常増殖することもなく、病害菌も抑えられるのである。

こうした肥沃な土壌をつくりあげるには、ボカシ肥を積極的に施用し、有用菌群のエサである腐植の増強を図ることが有効である。

最近は各種の発酵型有用菌や発酵有機肥料も市販されているが、その是非がたびたび取りざたされてもいる。微生物は生き物であり、土壌の環境が急変することで死滅することもある。そうした場合、あまり難しく考えず、その土地の気候・風土のなかで古来から生息し、地域の樹木や草を育ててきた土着菌を利用するのも手である。

この土着菌に竹炭を活用してつくるボカシ肥の一例を表2に示した。

土着菌は、圃場近隣の山や竹やぶなどから、腐葉土と清潔な山土を採取することで手に入る。また、好気性ボカシ肥づくりは、水分（50％）と温度（45℃）が重要。温度が40～45℃になったら攪拌を行い、材料とともに5～10％ほどの竹炭を投入。このとき5

表2　土着菌によるボカシ肥のつくり方一例

①材料：最優良有機物の米ぬか6、大豆かす3、菜種かす2、魚粉2を基本に副材として海草、カニガラ粉各4%、竹炭5%（海草、カニガラはなくてもよい）。

②土着菌：山の落ち葉腐葉土と土、竹藪腐葉土と土、清潔な山土を各20%。乳酸菌補充もよい。

③仕込み：全体を混合して水分30%（かたく握り指間から水分が出ず、開くと玉で触れると崩れる）。均一に、屋根付き土間にシートを敷き、夏30㎝、冬50㎝の厚さに平たくし、シートおおいをし、45℃で攪拌。夏5日、冬13日ほどで甘酸っぱい香りと白灰色菌の塊が見えて完成。保存は15%以下水分で紙袋に。

④ポイント：紫外線と乾燥防止で太陽光に当てない。

⑤材料比：作物に合わせて…魚粉はイチゴ、トマト、スイカに多く、菜種かすはキュウリ、レタス、ブロッコリー、ゴボウに多い比に調合する。

完成成分
N＝5.2%
P＝5.8%
K＝1.8%

注意）①材料に骨粉が使用可能になれば、米ぬか4、骨粉、菜種かす、魚粉各2の配合比でN＝5.14%、P＝8.0%、K＝1.57%成分となる。
②ボカシ肥はカリ分が少ないので、草木灰（竹灰）をボカシ400kgに50kgを施用する。

０倍に希釈した竹酢液で水分補給を行うようにすると、より発酵が早まる。

表１に示した材料以外でも、豆腐粕、鶏糞、コーヒー滓、酒粕、綿実油滓などを用いることができ、混合材としてはモミ燻炭、大谷石、貝化石などその地域で入手しやすいものを選べばよい。微生物の多様化のためには４種類以上の材料を組み合わせることが有効である。ただし、生産工程で添加剤や抗生物質が混合されている資材は使用を避ける。

こうしてつくったボカシ肥を、通常野菜なら10ａ当たり２００～３００kg（窒素成分11～16kg）、追い肥に１５０～２００kg程度を１～２回行う。ボカシ肥は遅効性なので早めの施肥が必要だ。これに良質の堆肥も積極的に施用したい。

有機栽培の場合は、栽培全期間においてボカシ肥を10ａ当たり６００kg前後、堆肥２ｔを施用する。

諸条件によるが、多くは２～３年ほどで腐植の多い有用菌の充満したよい土壌に改善される。こうして地力が上がり安定すれば、以後のボカシ肥施用量は２分の１ですむようになる。

◆竹炭・竹酢液の農業への使い方
多彩な効果を発揮する竹酢液

名高勇一

3つの機能を有効活用

農業に用いる竹酢液としては、採取後6カ月以上暗室にて静置し重合熟成させ、上澄みの5％（軽質油）と沈殿部20％（重質油、木タール）を除いた中央部75％の液が適している。外見は黄褐色の透明、pH3・0〜3・1、比重1・0〜1・03、溶解タール0・5％以下を基準とする。

不透明な場合はろ過と静置を繰り返してさらなる重合熟成を図ること。ちなみに竹酢液を蒸留すると、農業用としての有効成分が半減するため施用効果は薄くなってしまう。

竹酢液採取における注意点は、まず採取の際の排煙温度で、80〜140℃の間で採取したものを使用すること。排煙温度140℃を超えると、ベンツピレンなどの有害物質が混入するおそれがある。さらに静置容器や採取時の煙突が鉄製でないこと、雨水が混入したり、直射日光にさらされたものでないことが重要である。竹酢液入手の際は素性の確かな信用できるものを選択し、また個人採取のものなどでは右にあげた事項をしっかり確認しておきたい。

竹酢液は酢酸を中心とする有機酸、アルコール類、フェノール類、カニボニル化合物、塩基性成分など200余りの成分を含む。木酢液に比較すると、タール分が少なくソフトである。加えて、ギ酸が多く、殺虫・殺菌効果のあるフェノール・クレゾール類の含有率が高く、またフェノール成分にはポリフェノールの抗酸化作用が大きいことが特色である。4〜5年生の竹を水分35％に調整した炭材からは、とくに良質の竹酢液が得られる。

農業用資材としての竹酢液の特徴は大きく分けて以下の3点に集約される。すなわち強酸性であること、有機化合物であること、そして水の分子集団（クラスター）を細分化する機能を持つことである。

したがって竹酢液の施用は、これらの機能をいかに適切に引き出し有効に活用するかということがポイントとなる。

目的により濃度と頻度を調整

竹酢液を農業へ活用すると、基本的に木酢液と同様に、消臭・殺菌・殺虫・有用微生物活性・作物生理活性などの諸作用を期待できる。そしてそれらの作用の結果として作物に生長・充実・堅固・肥大・着色といった効果があらわれる。どういった効果を目的とするかにより、使用方法と希釈濃度およびその頻度は変わってくる。

希釈濃度に合わせた用途と目的、施用方法を表3に示したが、基本的には5倍以下の希釈では除草や空き地土壌の殺菌・殺虫・消毒、20～30倍では土壌殺菌・殺虫、50～200倍では樹木の根障害回復、300～400倍では葉面殺菌・殺虫や着色糖度促進、花芽分化、そして500倍は病害虫抑制・生長活性・肥大、果実の生りすぎた作物の疲労回復といった具合になる。

葉面散布

施用方法について解説すると、まず葉面散布は、作物の育苗期や幼芽期においては800～1000倍と薄めに、本葉4枚期は600倍、定植後は500倍で月2～3回の頻度で行うようにする。適性な濃度で散布された竹酢液は、作物の茎葉の糖やアミノ酸などと結合してワックス層を強化し、葉面の微生物も活性化する。

また、植物の茎葉は乳酸菌や酵母菌などに保護されているが、400倍の竹酢液に400倍の糖蜜を混合したものを定期散布にかえて施用すると、これらの有用菌を増殖させる効果が期待できる。

土壌処理

次に土壌処理について。原液から10倍程度の高濃度の竹酢液を散布すると雑草を枯らし、殺菌も行える。ただし、数日たつと土中の微生物は再び繁殖を始め、酸性も戻って、まもなく散布以前にも増す勢いで草が生えてくることになる。したがって農地以外での使用は避けたい。

土壌消毒の方法は、空き地に竹炭を散布したうえで、20倍の竹酢液を1㎡当たり3～4ℓの割合で散水後、耕耘して10日ほど静置したあと、ガス抜き耕耘を行う。露地の場合、十分な消毒効果を得るには4日間は雨の降らないことが望ましいので、天候の推移を見きわめて施用するとよいだろう。

50～100倍液での土壌処理は、殺菌・殺虫効果も期待できる半面、作物の根や茎葉への薬害もある。それゆえ作物のない時期に散布するか、ネコブセンチュウ害や根の障害による「しおれ」の回復を目的として、株まわりに2ℓ程度灌注する。

野菜や草花への施用は定植後1500～2000倍液を月に2～3回。果樹類は同濃度の竹酢液を月に1～2回、灌水時に水と同量程度を施用する。これにより土壌有用微生物が活性化され、未分解有機物の分解促進、不溶性養分の可溶化が促進される。

施用の注意点と竹炭との併用

竹酢液は、葉面散布することにより作物を活性化し、また土壌への施用で連作障害や病原菌の減少、土壌の浄化、微小生物の増加、土壌の団粒構造促進効果などをあわせて進行できる。使い慣れて適切な施用法を習得できれば、一度の散布が複合的に3～4つの効果を兼ねる。

しかし、使い方によっては両刃の剣になる。300倍液を10日間に3回散布して、作物の生育が止まった例がある。生殖生長に変わって花芽分化が起こり葉色が薄くなってしまったのである。竹酢液は一度の散布で効果が約5日間持続する。同濃度で5日以内に散布した結果、高濃度の散布と同じ作用がはたらいたと考えられる。従ってひとつの目的で竹酢液を施用したら、次回の施用には最低7日は開けるようにする必要がある。目的に応じた濃度と頻度を守り、適切に施用してこそ、竹酢液の多様な効果を享受することができる。

また、竹炭の項のボカシ肥づくりで紹介したように、竹酢液は竹炭と併用することにより、相乗効果でよりよい結果を得られる場合が多い。「予想を超えた有機栽培」「安価・増収・安全で味のよい品質」を実現するために、両者のバランスのとれた施用を心がけたい。

表3　竹酢液の用途別希釈濃度

希釈濃度	用途	目的・方法	処理法
0〜10倍	除草	次草草勢よい	ジョウロ灌水
20〜30倍	土壌殺菌・殺虫	作物なし、10日作物開ける	散水灌水
50〜200倍	根の障害	根まわり2ℓ灌注	土壌灌注
300〜400倍	殺菌・殺虫 花芽分化促進 有機物分解 果実着色 糖度向上 窒素過多	単用7日間隔、植物エキス 10日以内に2〜3回 堆肥、ボカシ肥に水分50% 収穫前2〜3回 〃　（アミノ・海草竹酢を肥大期）10日に2回以上（色あせる）	葉面散布 〃 散水攪拌 葉面散布 〃 〃
500倍	生長促進 肥大促進 疲れ回復 殺虫・殺菌	7日間隔に病害虫を抑制しつつ ①生長促進　②花芽分化 ③茎葉堅固　④日持ちよい ⑤草勢よい　⑥果実色よい アミノ竹酢葉色、糖度促進兼ね 海草竹酢葉色、糖度促進兼ね アミノ竹酢、海草竹酢500倍 ぶどう糖500倍混合　7日ごと アミノ竹酢600倍混合 各種動植物エキス類400倍	葉面散布 葉面散布 〃 〃 〃 〃 〃
1500倍	活着促進	定植時根を浸水、穴100cc	灌注
1500〜2000倍	土壌活性	①微生物活性　②有機物分解 ③養分吸収増　④防菌	10日間隔定期灌水

◆竹炭・竹酢液の農業への使い方
動植物エキス混合竹酢液

名高勇一

高い浸透性で動植物のエキスを抽出

竹酢液の三大機能のひとつである水集団（クラスター）を小さくする機能は、動植物の細胞への浸透性の高さとしてあらわれる。これを利用することで竹酢液は木酢液と同様に、天然系資材である動物や薬草などからそのエキスを効率よく抽出することができる。

農業で有用な動植物エキスを組み合わせることで、有用微生物や植物生理を活性化させ、作物の生長、品質向上、病害虫の抑制といった竹酢液の施用効果を一層高めることができる。動植物エキス竹酢液は減農薬や無農薬を目指す有機栽培には欠かせない資材といえるだろう。

基本的に動植物エキス竹酢液の製法は、前項で述べたような良質の竹酢液に、動植物資材を決まった割合で一定期間以上漬け込んで静置するだけという手軽なもの。

また使い方はでき上がった動植物エキス竹酢液を300～500倍に希釈して葉面散布、もしくは1500～2000倍に希釈して土壌灌水と、普通の竹酢液の施用法と大きな違いはない。

2～3種の混合でより高い病虫害効果

トウガラシ竹酢液・ニンニク竹酢液

入手の容易な農作物を竹酢液に漬け込んでつくるトウガラシ竹酢液、ニンニク竹酢液は、最もポピュラーな植物エキス竹酢液といえるだろう。

前者は竹酢液10ℓにトウガラシ300gの割合で約3カ月間漬け込む。トウガラシの辛み成分であるカプサイシンは抗菌効果があり、ダニ、アブラムシ、胞子嚢のない病菌による病害に有効である。

ニンニク竹酢液は10ℓに500gの割合で2カ月間漬け込む。ニンニクに含まれるアニシンのはたらきで、ウドンコ病・カビ・ベト病に効果がある。

アミノ竹酢液

竹酢液に腹白魚のはらわたを2カ月漬け込んでつくるアミノ竹酢液は、作物の糖度向上、体力増強に有効だ。植物は窒素同化により根から吸った窒素と葉の糖類を結合させてアミノ酸をつくるが、アミノ竹酢液を施用すると、葉の糖類を消費せずにアミノ酸を補給できるからだ。

果樹類や果菜類の実の生りすぎによる疲労回復にも効果が大きい。

海草竹酢液

海草竹酢液は、広葉肉厚のコンブ・カジメ・ヒジキ・ホンダワラを材料とすることで、豊富なミネラルホルモン・成長ホルモン・アルギン酸・アミノ酸を含んでいる。これらの成分は老化防止・草勢・生育・着色・糖度向上に効果があるほか、2000倍液の土壌処理ではビタミン類・ナトリウム・カルシウム・アミノ酸の補給につながる。

キトサン竹酢液

竹酢液に農業資材のキトサンを少量ずつ混ぜ込みながらつくるキトサン竹酢液は、300〜400倍の葉面散布や1500〜2000倍の土壌灌水で、大半の病菌に効果が高い。キトサンは植物自身が持つ有害菌への抵抗力を高めるはたらきがあるが、酢酸・ギ酸を主成分とする竹酢液はその混合液として最適といえる。

ニームオイル竹酢液

インドセンダンの果実液でアサデラクチンを主成分として植物食生昆虫のホルモン作用に影響を与え、脱皮、再生を抑え、食欲減退で4〜5日後には死滅する。毒性はなく、哺乳類や魚類、肉食性昆虫にはまったく無害の成分。15℃以下では凝固するので湯煎して使用。単独使用では500〜700倍。竹酢の20%浸水溶解して300〜400倍で使用する。

原成分は光分解性なので暗室保管とする。

主な動植物エキス竹酢液のつくり方や使用法を表4に示したが、これらは2〜3種を混合することで、より効果を高めることができる場合もある。

表4　動植物エキス竹酢液のつくり方・使い方

混合材名	混合比と期間	目的等
トウガラシ竹酢液	※竹酢10ℓにトウガラシ300g 3カ月	害虫、抗菌作用
ニンニク竹酢液	※竹酢10ℓにニンニク500g 2カ月	病害ウドンコ、カビベト病
ドクダミ竹酢液	※竹酢10ℓに生葉1kg 3カ月	病害カビ、キンカク病
海草竹酢液	※竹酢10ℓに浸水2kg 2カ月	生理活性、着色、糖度○
馬酔竹酢液	※竹酢10ℓに生葉1kg 2カ月	害虫ダニ、アブラムシ等
ニームオイル竹酢液	竹酢10ℓにニームオイル2ℓ1カ月	植食性昆虫全体(ホルモン障害)
アミノ竹酢液	※竹酢10ℓに腹白魚はらわた3kg 2カ月	草勢、肥大、疲労回復○
キトサン竹酢液	※竹酢10ℓにキトサン60gを少量ずつ竹酢で練りながら増量、一日1回攪拌10日目完了	病害大半病菌に効果○ 300倍
糖蜜十竹酢液	※糖蜜と竹酢ともに400倍で	葉面菌増殖病害虫予防
Ca竹酢液	※竹酢10ℓに白卵殻砕き100コ分20日 竹酢10ℓに消石灰500g少量ずつ加え攪拌しつつ全量、20日完成	Ca補給、着色、糖度向上 収穫10日前から中止○
果実酵素	アケビ、イチゴ、イチジク、ブドウ、メロン、バナナ、リンゴのうち3種を細切りし材料1、黒砂糖1.2、黒砂糖3等分し、各層にまぶし容器の3分の1空けて和紙で覆い15日。泡が消えて完成（暗室で）	栄養活性酵素、細胞分裂促進 肥大促進、草勢活性 (果実酵素400十竹酢500倍)

注意）(1) エキス同士の混合は原液を等量混合して300倍で散布
(2) Caは他物と混合しないこと
(3) 製造は暗室で行い、アミノは布袋に入れ、石重りで沈めてつくる
(4) ※印は400倍で葉面散布、○印は土壌1500倍灌水可

◆竹炭・竹酢液の農業への使い方
竹炭・竹酢液の施用例

名高勇一

発酵型ボカシ肥および堆肥との併用を基調とした有機栽培における竹炭・竹酢液の具体的な使用例を、作物の種類ごとに紹介する。実践にあたっては、個々の実情に合わせて最適な方策を工夫していただきたい。

野菜類への施用

次に述べる野菜類では、10ａ当たりの基本的な施用量を竹炭200～300kg、堆肥2ｔ、ボカシ肥300kg（追肥を除く）とする。この量は、圃場の土質・土性の違いで調整する必要があることを注意願いたい。

葉菜類のうち結球するレタス・ハクサイ・キャベツは、結球前に葉を大きく葉色をよくする必要があ

ハクサイ畑後期。10ａ当たり竹炭200kg、ボカシ肥400kg施用

ホウレンソウに10ａ当たり竹炭300kg、ボカシ肥400kg施用。麦いちょう細菌根腐れ皆無

稲。10ａ当たり竹炭150kg、ボカシ肥400kg施用。作柄・収量・品質良好

露地キュウリ。10ａ当たり竹炭200kg、堆肥2ｔ、ボカシ肥300kg施用。コク・味・日持ち良好

る。そのため竹炭、堆肥、ボカシ肥の全量を、圃場全面に施肥する。そして早めに追肥としてボカシ肥を２００kgずつ2回に分けて施肥。なお作条土寄せかマルチ栽培の場合は、穴肥とする。

果菜類では、中・後期に肥効があらわれるような施肥が望ましい。キュウリ・トマト・ナスなど深根型の作物の場合、竹炭全量と堆肥１ｔとボカシ肥１００kgを全面施用して耕耘する。次に堆肥１ｔとボカシ肥２００kgを栽培畝芯に溝を切って施肥し、土とよく混合（中耕起）したうえで正式な畝立てを行う待ち肥とする。

ボカシ肥による追肥は、ナス・キュウリでは1回目に２００kgを株まわりに、2回目同量を肩畝に行う。マルチでは穴肥とし、灌水が行き渡るよう工夫する。トマトの追肥はやや少なめがよい。

スイカのように横根の作物は竹炭、堆肥、ボカシ肥の全面散布後耕耘がよく、追肥は1回目２００kgを蔓先まわり、開花期の2回目は同量を直径２ｍの円周上に施す。

いずれも追肥の施肥量は、作物の生育、草勢などをみて調整する。

花卉類への施用

バラなどの多年生切り花類では、改植時に10ａ当たり４００kgの竹炭を堆肥やボカシ肥とともに定植畝に施用し、深耕。その後は年1回、堆肥や有機肥料の施肥時に竹炭を混合して施用する。

1年生切り花類では、改植時に堆肥、ボカシ肥とともに畝中に散布後中耕し混合する。

多年生、1年生ともに、２０００倍竹酢液の定期的灌水は、収穫期まで実施する。また、開花収穫期の葉面散布は花弁障害のおそれがあるので行わない。また、花卉栽培で発生しやすいハダニは、４００倍竹酢液、ニームオイル竹酢液の定期散布で抑えられる。

ネオマスカット後期。穴肥・堆肥・ボカシ肥竹炭(一穴2kg)施用。アミノ竹酢定期散布。一房400g

果樹類への施用

表土耕耘型栽培地では秋肥期に竹炭と堆肥、ボカシ肥を全面散布後、耕耘。土壌の硬化した圃場などでは、各株の枝先まわりに5～6カ所、径30cm、深さ40cmの穴に竹炭、堆肥、ボカシ肥の施用量3分の2を土に混ぜて埋め、残りの3分の1は均一に表土散布し、敷き草をする。翌年、穴には根が十分に張っている。毎年、穴の位置を変えて施肥すると、土壌も次第に改善されていく。

この方法はカキ・ブドウ・モモ・ナシ・ミカンなどで効果が高い。

◆竹炭・竹酢液の農業への使い方
家畜飼料への添加

名高勇一

竹炭で肉質向上、悪臭軽減

すでに木炭・木酢液が家畜飼育にさまざまな形で活用され、実際に効果を上げているが、竹炭・竹酢液もこの分野において畜舎の消臭や飼料投与に用いられつつある。

一般に炭を飼料に混入して家畜に与えると、ガス腹・下痢の解消、食欲増進、畜舎の脱臭、肉質向上といった効果があるとされる。整腸作用については、炭が腸内の余剰な水分や異常発生したガスを吸着することで発揮される効果である。また炭はアンモニアなどのガスも吸着するため、糞尿の悪臭を抑えるのである。吸着力の大きい竹炭に木炭と同等の機能性は当然ながら、これに消臭性・抗菌性・抗酸化性に優れた珪酸の作用が加わることでより高い効果が期待できるといえよう。

家畜用の竹炭としては、より吸着性の高い軟質炭で、通気孔のしっかりした、不純物の混入していない2〜4㎜粒が望ましい。条件に合った竹炭粉を常時使用では飼料の0・5〜0・8％、単純性の下痢の場合は2％添加し家畜に与えるようにする。

豚の場合、竹炭を飼料として与えることで、胃腸消化が増進し、体質のアルカリ化のため体脂肪が減って赤肉分が増え歩留まりが向上する。また糞は黒く締まった理想的な形状・かたさとなり、においも抑えられる。ただし、竹炭の添加量が多すぎたり、給餌期間が長すぎたりすると、やせすぎのいわゆる「ガリ豚」になるといわれるので注意が必要だ。

肥育牛では、飼料効率が向上し、ガス発生が減少、内臓の結石が少なくなるといわれる。反芻動物である牛は、腸内にガスが膨満する鼓腸症などのトラブルが多い。竹炭の飼料への添加はこれらのリスク回避策としても期待できよう。

また、乳牛においても竹炭の給餌により乳量が増加したという報告もある。

鶏については、豚や牛同様に健康増進、脂肪の低下、糞のにおいの軽減といった一連の効果に加え、卵の殻がかたくなり、黄身がしっかりしてくるという効果もあるという。

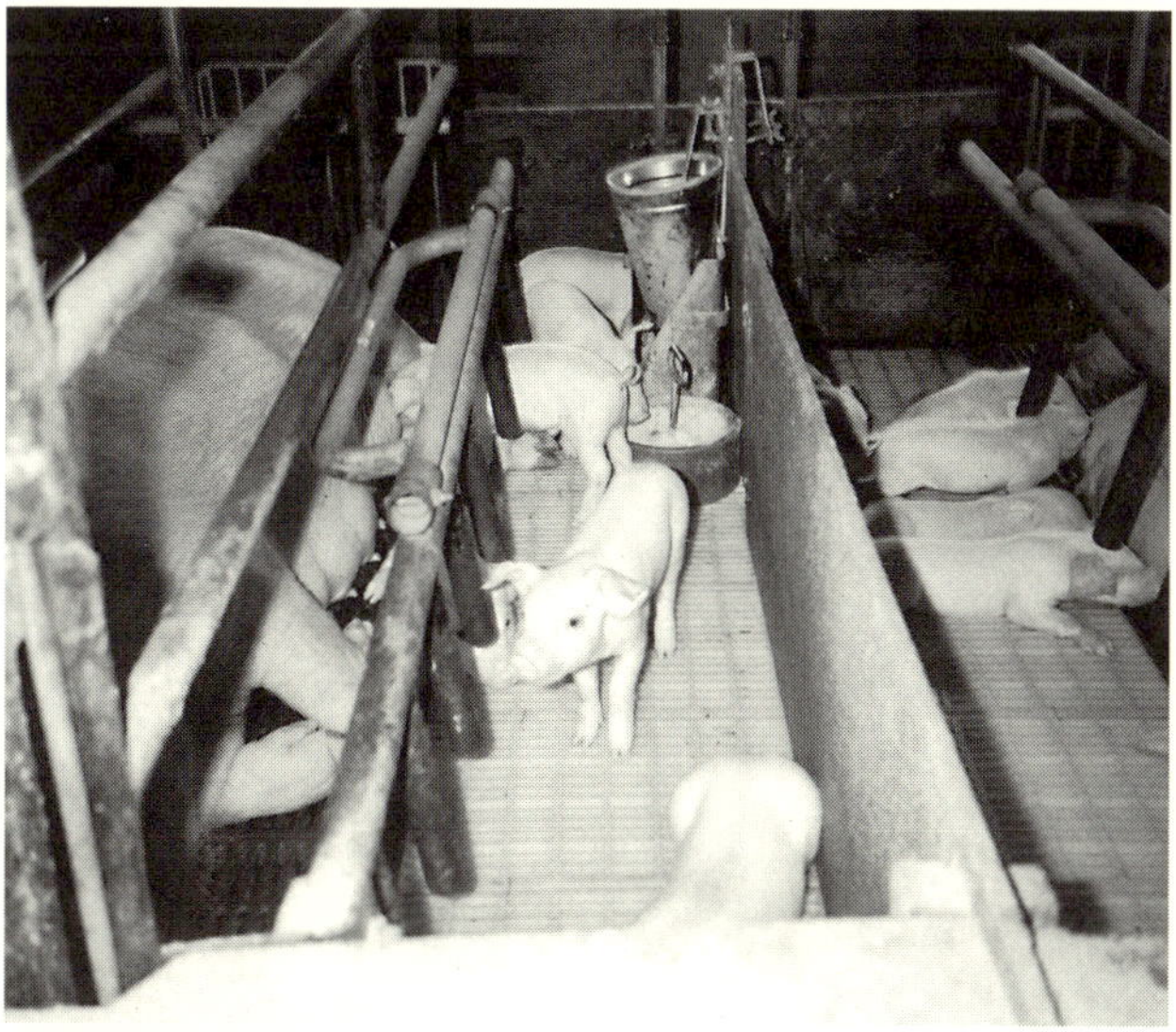

抗生物質無使用の繁殖豚30日目

竹酢液で体質強化

竹酢液の飼料への投与は、体質をアルカリ性にし、糞尿の悪臭を軽減、さらに有用微生物の増殖で堆肥の仕上がりがよくなるというような効果が知られている。

竹酢液を家畜に与える場合、精製したものを家畜用とする。使用方法としては、飼料に0・3〜0・8％の割合で混入するか、もしくは給水に1000倍程度に希釈したものを与える例がある。

竹酢液の使用により、ブロイラーでは飽和脂肪酸が減少し、採卵鶏はおとなしくなり、鶏卵のコレステロールが軽減、逆にビタミンA・E・B_{12}が増加したという事例がある。

タール分の少ない竹酢液は飼料への添加剤としても向いており、竹炭同様、家畜関係への活用が大きく期待される資材といえる。

◆竹炭・竹酢液は暮らしの新資源
敷炭で住宅の湿気対策

野池政宏

床下に炭を敷き並べる「敷炭」は、かなり一般的なものになってきた。この使い方にはさまざまな効果が期待されているが、筆者は湿気対策を主目的とするのがもっとも現実的に効果が見えるものと考えている。そこで本稿では「敷炭と湿気対策」を主たるテーマとして、その利用法や効果の実際について述べる。

床下の湿気対策は極めて重要

床下という場所は土壌に面しており、その土壌からは定常的に湿気が床下空間に放出されてくる。住宅においてほかにこのような場所はなく、床下は湿気対策をまず考えるべき場所である。

床下空間が高湿になれば、その湿気は室内や壁の中に入り込み、カビやダニの繁殖を促し、住む人の健康を害することになりかねない。また、とくにカビの仲間である木材腐朽菌が繁殖すれば、木材の劣化が進み、住宅の耐久性を低下させる。このように、床下の湿気対策は健全な住まいを実現させるために必要不可欠なのである。

床板の裏側にカビが発生

床下の湿気対策として最も重要になるのは、「もとを絶つ」という意味で土壌の防湿であり、これには防湿コンクリートや防湿フィルムが用いられる。ただし、とくに防湿コンクリートは新築するときに

土壌防湿に使うポリエチレン製のフィルム

は実現可能であるが、建ててしまってからこの工事をすることはまず無理である。

実際、筆者のところにも既存の家において「家の中がジメジメするし、押入れがカビ臭いからなんとかならないか」という相談が多い。このような家の床下は土壌防湿されておらず、土壌もかなり湿っており、一年中床下の湿度が95％を超えているような状況になっている。

湿気対策の方法と敷炭の役割

常に高湿状態であるような床下の土壌面に、そのまま敷炭をするのは適切ではない。炭は調湿材であって防湿材ではなく、敷炭が調湿機能を実現するのは湿潤と乾燥が繰り返される場所に限られる。従って、まずは床下をこうした状況にしてやること、つまりある程度の土壌防湿が必要になる。

こうしたことを考え、筆者が基本としている施工方法は「防湿フィルムを敷き、その上に敷炭する」というものである。これはまず防湿フィルムである程度の土壌防湿を行い、防湿フィルムの重ねしろなどの隙間から漏れてくる湿気に対して炭で調湿させるという発想である。

ここで防湿フィルムは、あまり丁寧に敷き詰めないほうがよい。あまり厳密に防湿をしてしまうと防湿フィルムの裏側に激しい結露が生じ、そこでカビが繁殖してしまう。防湿フィルムの重ねしろなどの隙間をゼロにすることは不可能であり、防湿フィルムの裏側で繁殖したカビの胞子が床下に上がり、さらに室内に入り込む可能性が出てくる。これを避けたいからである。

実際、これまでこの施工方法はかなりうまくいっている。室内のジメジメ感が少なくなり、床下のカビが消失した例も少なくない。

新築時に敷炭を行う目的

こうした経験は、もちろん新築時にも応用できるはずである。シロアリ対策のことも考慮しながら、新築時に敷炭を有効に使う方法を次に述べたい。

住宅の基礎には、「布基礎」と「ベタ基礎」がある。左図でもわかるように、布基礎のほうは土壌面が床下に露出しており、もし土壌が湿っているところであれば床下が年中高湿になってしまう。これを避けるために土間コンクリートを打つ場合があるのだが、これはシロアリ対策としては適切ではない。シロアリは隙間を好み、立ち上がり基礎と土間コンクリートの間に生じた隙間から家の中に上がってくる可能性を高めるからである。となれば、布基礎で「シロアリ対策」「湿気対策」を両立させる方法として、前述した「防湿フィルム＋敷炭」が適切なものとなる。

アリ道。シロアリは土壁のようなトンネルをつくって移動する

図　布基礎とベタ基礎

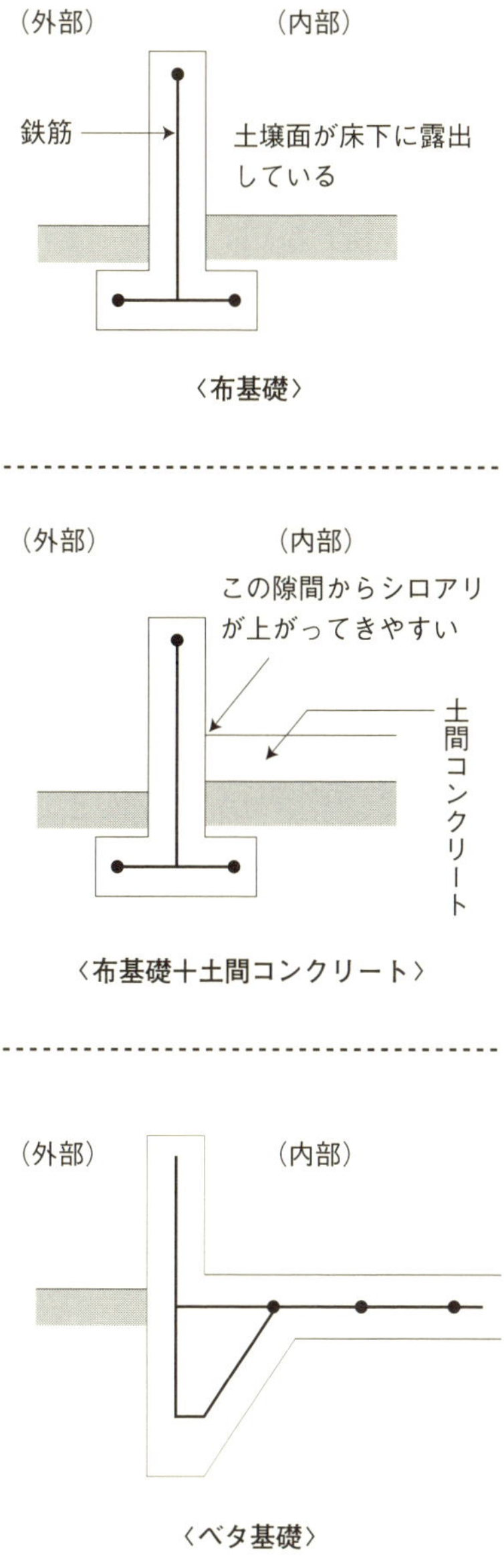

床に設けたスリット。床下の空気を室内に入れる

もちろん、布基礎でも土壌がそれほど湿っていないと判断できる場合は、土壌面にそのまま敷炭してもよいだろう。またベタ基礎にする場合は床下がひどく高湿になることはないが、さらに快適な床下環境の実現を求めて敷炭を行うことには意味がある。

また最近では、「床下を室内とする設計」が増えてきている。こうした家では床下換気口を設けず、床下空間に外気が入り込まないようにする。こうした設計の家の中には床下を暖める「床下暖房」を行い、床下の暖かい空気を室内に入れるようになっているところもある。このような床下に敷炭をすることは、湿気対策というよりも「空気清浄」という意味を持つ。床下の空気を炭の吸着能力を利用して清浄にし、それを室内に入れるようにするわけである。

もちろん床下暖房をしない場合でも、敷炭を行い、床にスリットを設けるなどして床下の空気と室内の空気を積極的に循環させる発想はおもしろい。これはいわゆるシックハウス対策としても有効な方法になると思われる。

敷炭の種類と施工上の注意

一般的に敷炭に用いられているものとしては「バラ状のものをそのまま使う」「バラの炭を通気性のある袋に入れて使う」という2種類のものがある。袋に入れるのは施工性を上げるためだけが目的であり、できればバラ状のものをそのまま使いたい。通気性がある袋だといっても、ある程度の湿気に対する抵抗があり、そこで結露しやすくなるからである。

ただ、とくに既存の家で敷炭をする場合、炭の微粉には十分に注意する必要がある。一般的には台所に設けられた床下収納庫や和室の畳の下地をめくってそこから炭を床下に入れていくが、そのときに炭の微粉が室内に舞い、室内をひどく汚してしまうおそれがある。とくにバラの炭はそうなりやすい。筆者はこの対策として、炭をゴミ袋に入れて床下に持

袋入りの炭を床下に入れる

バラのままの炭を投入する

ち込み、床下で炭を取り出すようにしている。

敷炭としての適切な使用量については根拠になるデータがあまりなく、また炭の能力や床下の状況によって適切な量も変わると考えられるため確定的なことはいえないが、筆者の経験では1坪あたり30kg程度以上は使用するのが安全だと判断している。

敷炭用としての竹炭の有効性

竹炭の能力については別の項目で述べられているから詳しくは述べないが、筆者の知る限りにおいては、竹炭には調湿能力や吸着能力に優れているものが多い。いや、正確には「ある程度以上の調湿能力や吸着能力を持ち、そのバラツキが少ない」という表現が適切だろう。

敷炭用として販売されている炭でも炭化温度が低いものがあるため、その能力には怪しいと思われるものがある。

こういうことを普通の消費者は判断できないところに大きな問題がある。しかし竹炭は低い温度ではうまく焼成することができないことから、竹炭であればある程度の炭化温度であることが保証されていることになり、それはある程度以上の調湿能力や吸着能力が保証されることでもある。また硬質な炭になることで微粉の問題も少ないように思われる。敷炭用に竹炭を選ぶのは安全で賢明な判断だといえる

◆竹炭・竹酢液は暮らしの新資源
炭を埋める知恵

佐々木敏行

炭素埋設の歴史

炭を埋めることによって土地を改良する。そんな技術が、日本には古来より伝わる。住むにはふさわしくない土地、作物が生育するにはふさわしくない土地、生命活動にふさわしくない土地に炭を埋めることによって、土地を賦活活性するという考え方だ。

いったいいつから始まったのかは定かではないが、古くは縄文時代の貴重な遺跡である福井県の三室遺跡などから炭素埋設の跡が発見されている。この遺跡の上にある水田は収量の高い美田として有名である。この時代の人々は、自然現象を読みとる観察力や自然条件を生かす知恵を少なからず持ち合わせていたようだ。炭素埋設は、その好例である。

電位差を修正

地面にはわずかながらも電位差があって、地電流という自然の電流が流れている。炭素埋設は、炭を電極とし、大地の中を流れる微弱な地電流を活性化し、整える技術である。

たとえば、人の体は傷をつけると、その部位を修復しようとして損傷電位という電流が生じ、その部位に集まる。大地の場合もそれに似て、地面を掘削することにより損傷電位が生じ、電気が集まる。そこへ電極としての役割の炭素（多くの場合は木炭、竹炭であるが）を埋設する。その埋設位置、埋設量を調節することにより、そこに生じた損傷電位を利用し、地電流の流れを一定の方向に安定して流し、その場所の電場、磁場を安定させようとするということである。

土地の良し悪し

土地の良し悪しを判断する基準は人それぞれであるが、われわれ日本人の祖先たちは直感的に「よい土地」を見極めることができていたようだ。

　昔から神社仏閣や名刹などの多くは地電流が安定して、その電位が高い土地に建てられている。そうした場所がなんとなく気持ちがよく、癒される場所と感じた経験のある人も多いと思うが、動物もそうした電位の安定した場所に本能的に巣をつくるようだ。昔のお百姓さんは「あの土地は耕してもダメだ」「あの土地は黙っていても作物が育つ」などという目利きができたというが、やはり美田美畑といわれるところは電位が安定していて、高い。

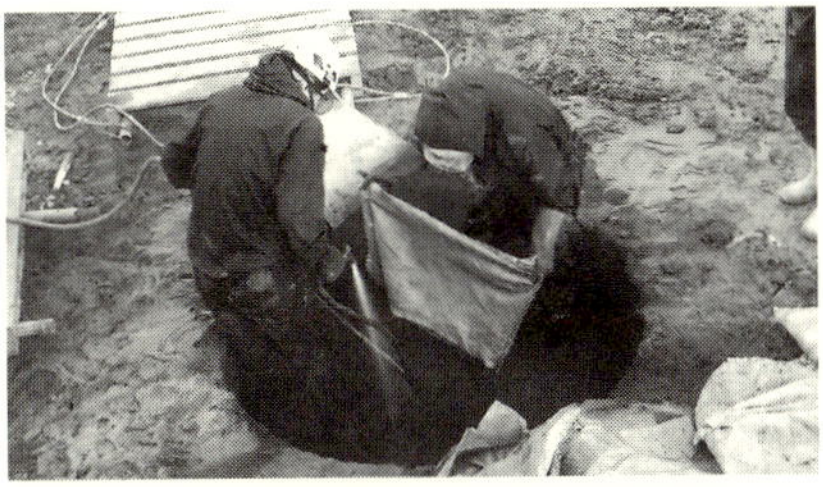
放水しながら粉炭を埋設。しっかり転圧することも大切

地表面30cm近くまで炭を埋設する

　余談であるが、中国の風水師がよい場所と判断した場所は、決まって電位が高く安定しているという。
　昭和20年代に楢崎皐月という科学者が全国1万2000カ所の電位を調査しているが、その結果15％の土地で電位が安定して高く、30％の土地では電位が不安定で一定していない。残り55％はそのどちらともいえないという結果が出ている。さらにその電位という条件が「住みやすさ」「作物の収量」「建物の傷み具合」「生産品の出来不出来」「家畜の健康状態」「住人の健康状態」に驚くほど影響しているという調査も出ている。
　そうした電位という条件面での「よい土地」を、人の知恵によってつくり出す方法のひとつが、この炭素埋設なのである。

HOW TO 炭素埋設

　炭素埋設はその土地の自然条件を利用するわけだから、どこに埋めてもよいというわけでも、たくさん埋めればよいというわけでもない。その土地その土地に応じてやり方は変わってくるのは当然である。

筆者の場合は、①土地の起伏、傾斜、水路、地下水位等の自然条件、②建造物、高架物、柱状物、送電線の誘導電流など人工的条件、③その土地を知る人からのヒアリング、④地電流、地磁気の計測等の諸条件から施工法を判断する。

いたずらに大きな穴やたくさんの穴を掘ったりすれば電位は安定するまでによけいな時間がかかるし、右の条件を無視していい加減な場所に埋めれば逆効果を及ぼしかねない。残念ながら、そうしたケースは多い。

作用のあるものは適切にしなければいけないというのは、なにも炭素埋設に限ったことではない。穴の掘り方、埋設の順番にもいい加減ではいけないし、建物が建つ場合には地耐力（地盤の強さ）を考慮した埋設位置、工法でなければならない。

さらに埋設する炭の種類も、とても重要である。埋設する炭に関して重要な要素は、①電気伝導性、②比重、③吸水性、そして炭の材料が自然物である以上、④再生の早いものであることが重要である。①②の点では備長炭が最も優れている。③④の条件も加え総合的にみれば、高温でやいた竹炭などはうってつけである。

炭素埋設の目的と展望

大雑把にいってしまえば、炭素埋設は土地に炭を埋めることによって、生物やモノが永くいい状態でいられるための、人が生み出した自然を利用した技術である。

家を新築する際には多くの場合「どういう家に住むか」という点に偏重しがちだが、建物も人もその土地の電位の影響を受けるという前述の調査結果などからも、「どういう土地に住むか」という点はもっと重要なのではないだろうか。

開発、造成などで大地をほじくりまわすことにより、利便性とは別に、地電位という点からみても住むに適さない土地がますます増えつつある。15%しかないといわれる好適地がさらに人為的に減少させられる傾向にある現代においては、古くからの日本人の知恵である炭素埋設が、将来的に展望のあるアナログ的技術として再認識されることを願いたい。

◆竹炭・竹酢液は暮らしの新資源
竹林美化のために竹を総合利用

森　嘉和

竹林美化が目的

私は1996年4月に、JR高槻駅北口の小高い丘に鎮座する上宮天満宮の経営を継承した。そのおりに最初に目についたのは、右斜面2haの荒れた孟宗竹林の存在だった。

そこで、人に尋ね、教えられ、竹資源活用フォーラムや竹文化振興会といった組織に加わり、諸エキスパートのご指導や多くのボランティアの皆さんに支えられ、竹の多面的な利用・活用を手当たり次第にトライしてみた。そのひとつに、竹炭・竹酢液もあった。

ここでは、竹炭・竹酢液に関する体験・経験の一端をご報告したい。

竹林を「0」エミッションで総合利用

まず、インフラ整備として、境内から竹林に入る車両用道路を建設し、4tトラックが入れるようにした。また、年1回の大伐採を可能とするチームおよびハードウエアを準備し、機械力による古竹破砕や伐採の具体化を検討した。

伐採した竹材は、年に3回実施している「竹灯り」で大量使用し、他宗教団体にも「竹灯り」用竹材を提供した。七夕やそうめん流し用にも、竹材を提供した。さらには社業に関連させて、竹材を活用した貯金箱、善行箱、絵馬、御神酒入れ等、各種授与品を開発し、贈呈品として利用した。また、本格的な竹の本殿建設や竹づくりの部屋建設、廊下や室内座敷を竹に変更するなど、建材としても活用した。

たけのこは、竹になる前に伐採という観点で年に1000本を採集し、老人ホームなどセントラルキッチンを所有している福祉施設に贈呈した。

さらには、竹の葉をEM法で堆肥化し、別途運営する農園および敷地内菜園に利用した。

竹炭の利用

竹を使用するにあたって、建材が最も大きな利用法と認識したが、竹炭も建設用資材の中心的用途と判断し、社施設への利用から着手した。

第一期（1998～1999年）は「PR・研究」をテーマに、竹炭ピースを年間2000～3000個、社頭で配布した。正月やお祭りなど人出の多い折には、絵馬堂内で展示即売を行った。また、各種研究会や講演会に出席し、竹炭の情報や活用事例を収集した。

第二期（2000～2002年）は、「焼成炉導入・実験利用」をテーマに、大手環境機器メーカーの㈱西島製作所よりシステム一式の寄贈を受け（中原鉄工製）、建設会社製材工場の敷地に設置した。また、竹の本堂建設に際し、デザインと除湿を兼ねて、室内床面に使用した。

第三期（2003年～）は「焼成炉稼働・改装全室に竹炭」をテーマに、竹炭焼成炉の本格稼働のために2名の専任希望者による生産を開始した。本社および別棟の全面改装に合わせ、200～300kgを床下に埋め込んだ。また、担当業者が自社建て売り物件5棟を竹炭床下埋没工法で発売し、好評を得ている。

竹酢液の利用

私どもの竹炭生産および精製能力、そして商品安全を期するため、竹酢液の生産は当面、小浜竹炭生産組合に依頼している。

竹酢液は入浴剤として、200ccプラスチック瓶詰めでご祈願のお飾りに、社所有の農園・菜園での利用、EM法堆肥製造の際に薄めた液を利用するなど、身近なところから体験的効果を高めているところである。

竹林美化を目的に、社外に廃材を一切持ち出さないという基本を踏まえ、素人集団ながらいろいろと手がけてみた。一般にも少しずつ知られるようになり、手応えも感じている。

とくに代わり映えもしない取り組みではあるが、総合的・体系的である点がポイントと考えている。

1. 炭材を用意する

2. 窯の中に炭材を投入

3. 炭化を操作する

4. 竹炭を窯から出す

5. 床下に竹炭を敷く

6. 竹炭の厚さは約20cm

◆竹炭・竹酢液は暮らしの新資源
竹炭の入浴剤としての効果

細川健次

竹炭などを入浴剤とした実験

竹炭を入浴添加剤として使うと効果があることは、方々でいわれている。曰く「竹炭はアルカリ性なるゆえに入浴者の体もアルカリ性になる」「炭が遠赤外を放射して体が温まる」「竹炭に含まれるミネラル分がよい」等々である。しかし、これらの効果をデータで確かめて発表された例はない。

そこで筆者らは、京都府立医科大学生理学教室・森本敦教授のご指導を受け、竹炭などを入浴添加剤として使用した場合の人体に及ぼす効果を解明するために、次の実験を計画して実施した。

実験場所は同大学生理学教室に設置されている人工気候室の浴槽を使い、20〜60代の男性10人の被験者で、竹炭（モウソウチク炭：小浜竹炭生産組合提供）、木炭（日向備長炭：製炭地不明）、炭なし（さら湯）の入浴実験を、１９９６年の夏に2カ月にわたって行った。その結果の一部は１９９７年の炭素材料学会年会で発表した。

ここにその内容のあらましを述べて、竹炭を入浴炭として使うときはどんな炭が適当かを考えるときの参考にしていただきたい。

入浴実験のあらましと結果

室温（25℃）を一定にした人工気候室に設置されている容量１００ℓの浴槽を使い、湯温40℃にして、炭を入れない場合（さら湯）と炭５００gを入れた場合の被験者の入浴前後の血圧、心拍数、皮膚血流量、体（皮膚）表面温度、口腔温度（体温）の５項目の測定をした。また、入浴前後の浴槽中から湯各１００mℓを採取してpHを測定した。

実験によって得られた被験者10人分、竹炭、木炭、さら湯についての各5項目データを分析した。５項目の中から、変化が顕著にあらわれた体表面温度と

図1　炭の添加による入浴前後の体表面温度の変化

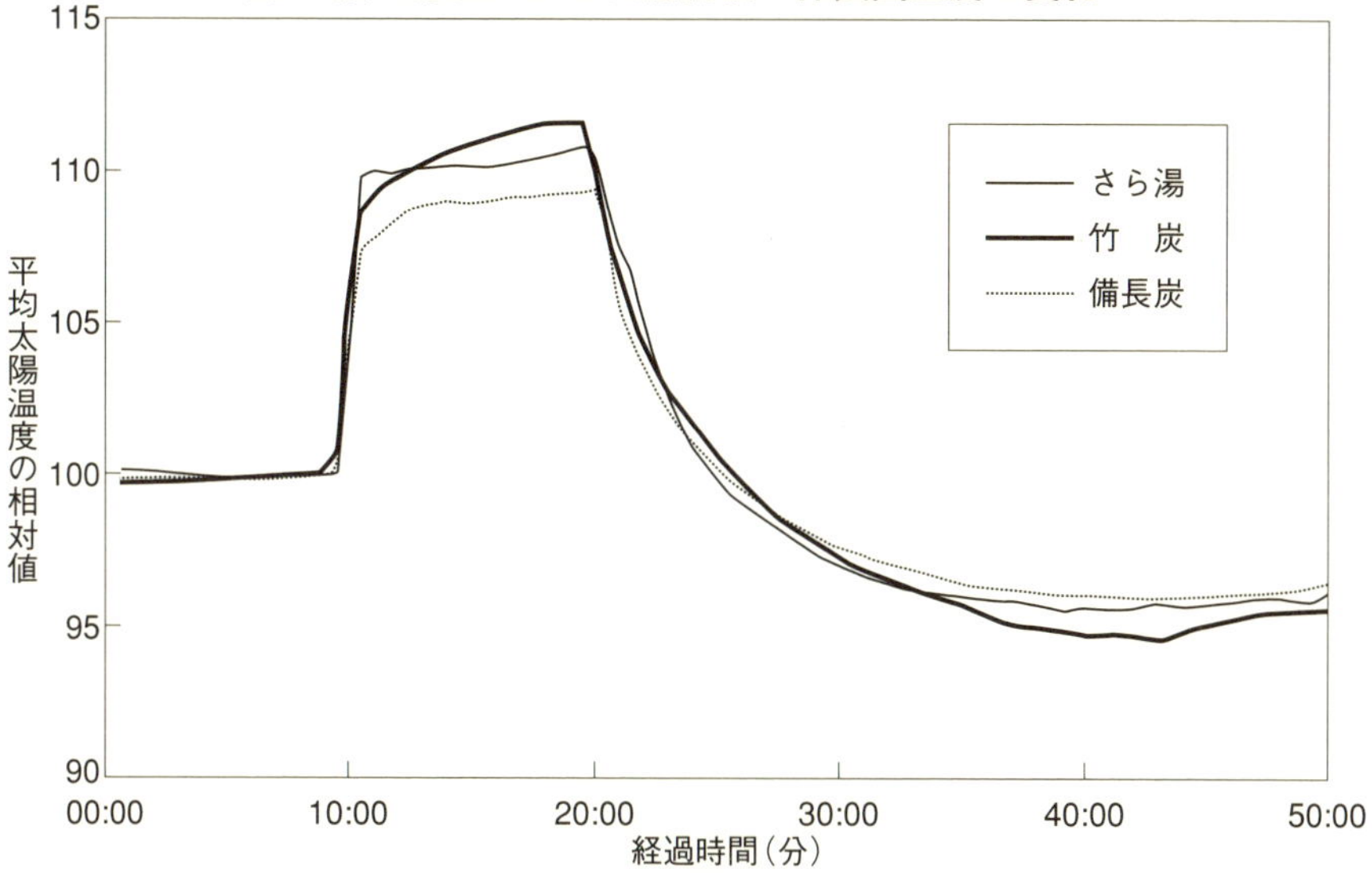

0〜10分の平均を100として、各測定結果を百分率で表示している

血流の2項目の結果について説明する。

体表面温度値と血流値の変化

図1は、被験者全員の入浴時の体表面温度値の変化を、平均して曲線に示したものである。図が示すように、竹炭を添加した湯の体表面温度が一番高く、次いでさら湯、備長炭湯となっている。また、その曲線がピークから下降していく状況は湯上がり時に体表面温度が下がっていく様子をあらわしている。

図2は、被験者全員の入浴時の血流値の変化を平均して曲線にしたものである。ここでも竹炭、さら湯、備長炭の順になっている。

図1、2の変化の様子をまとめると、炭を添加した湯は、さら湯よりも皮膚表面温度と血流量の増加をきたした。この場合、その効果は備長炭より竹炭のほうが顕著であった。その理由は、竹炭は10㎜角に壊した炭を使用したが、備長炭は簡単にそのサイズに壊すことができなかった。サイズの違いであったかもしれない。

湯中から採取した試料水の分析

湯中の溶出金属を分析した結果、竹炭のカリウム

図2　さら湯、竹炭、木炭添加での入浴前後の血流量変化

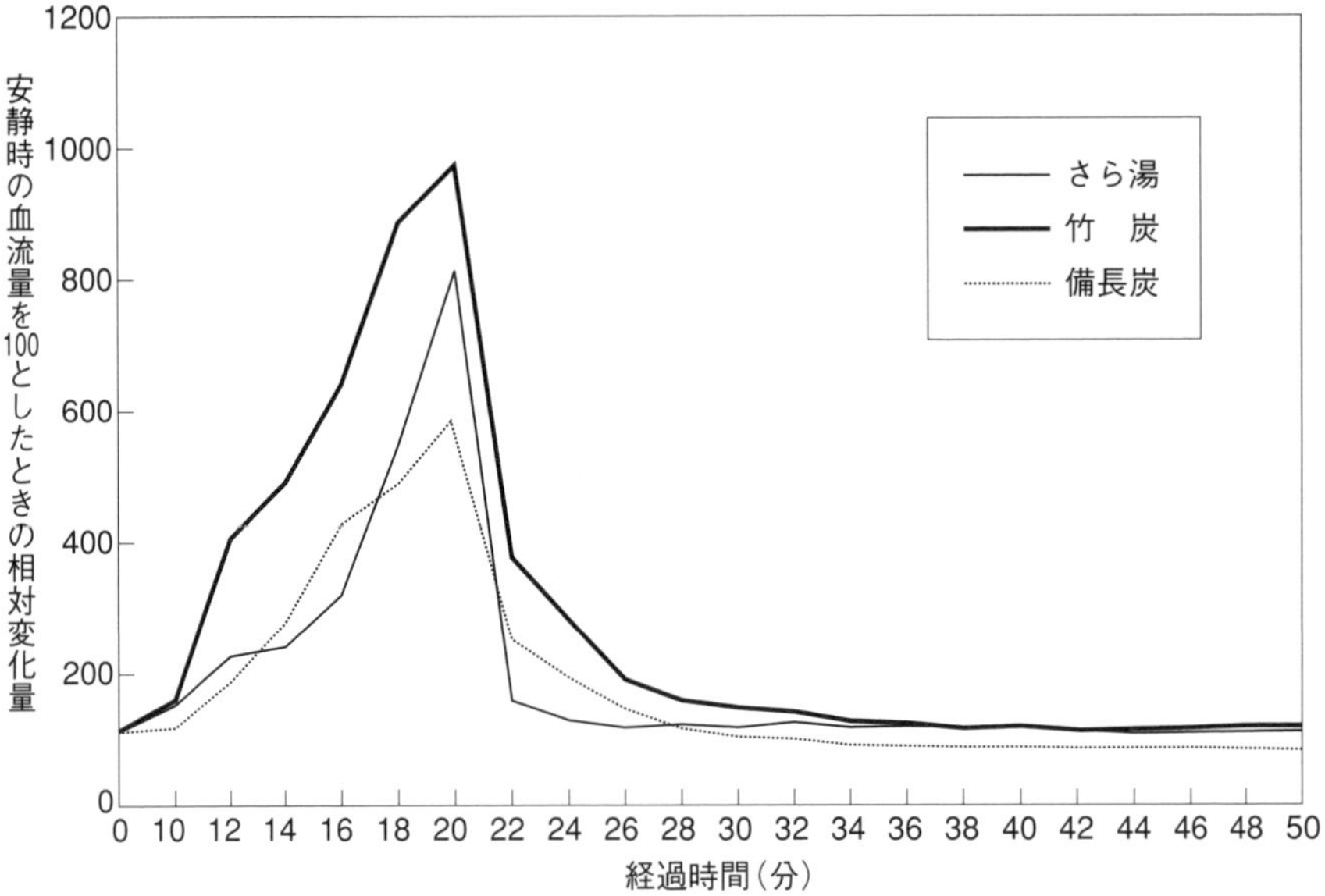

の値が備長炭の値より若干高くなっていることがわかった。このことからも、竹炭は備長炭より効果があるといえる。また、竹炭湯での入浴で体表面温度と血流量の増加を与えたのではないかと考えている。

また、湯中のｐＨの値はすべての実験で７・０前後（中性）を示し、アルカリ性は示さなかった。この実験からは、浴槽の湯が炭からの溶出金属でアルカリ性を示すとは考えにくい。

竹炭の添加量と入浴効果

実験に供した竹炭は５００ｇを木綿の袋に入れ、湯の温度が40℃になったときに浴槽に投入した。同一の被験者で竹炭の量を５００ｇずつ増量して、最高４倍量に当たる２kgを投入して測定を行ったが、各測定項目では５００ｇのときと大きな相違はなかった。

２kgを投入したときの湯の色は真っ黒となったが、被験者が湯中から上がった際、炭は体に付着することはなかった。

この実験から、容量１００ℓの浴槽では、竹炭添

加重量５００gが適量と判断できる。

実験に使用した炭の性質

この実験で使用した竹炭は、前記したようにすべて小浜竹炭生産組合の土窯で製炭され、そのサイズは10㎜角にそろえられたものである。一方、日向備長炭は製炭所もわからず、そのかたい性質から、サイズをそろえることが難しかったので、竹炭より低い結果が出る要因となったと考えている。

被験者のアンケート調査

同時に実施した被験者のアンケート調査の回答から、竹炭湯は体が温まる、肌がスベスベするとの回答者が50％を超えた。

実験実施の問題点

実験では、各項目のデータが被験者の体調に影響され、データのバラツキを生じるために、常に細心の注意を払うことが必要である。

また、被験者の年齢構成は各年齢にわたっていることが望ましいが、本実験の被験者の半数は20代の大学生、残りの半数は50代以上で、共同研究者自身かその家族となり、すべての年齢にわたっているとはいえない。

実際の入浴実験は実験室の室温調整と温浴槽の湯温調節、測定機器の準備等から、一日に午前、午後の各1回しかできず、その時間に来ることができる人を被験者にすると、おのずから学生諸君か関係者になってしまう。そのうえ1人で、同時間帯の違った日に、3回の入浴実験（さら湯、竹炭、木炭）に協力してもらえる人を探すことは難しい。また、被験者のその日の体調もあり、人選がますます困難となる。

そのような事情から、本実験の最終では被験者10人分のデータをまとめ、集計の段階では数人のデータが破棄される結果となった。

このように、実験を多くの被験者で行うことは難しく、その実施の壁となる。よくテレビなどでは、多人数の実験の結果から簡単に「ある商品が体によい影響あり」と結論づけている場面に出くわすが、大いに疑問を感じるのである。

◆竹炭・竹酢液は暮らしの新資源
竹酢液入り化粧品の開発

野本百合子

竹酢液との出合い

ナースバンク㈱は福島県郡山市にあり、予防を重点とする「訪問健康チェック」を主業務として、1991年6月に看護士が設立した会社である。

設立当時はその業務内容や看護士の独立といったことが話題となり、テレビの取材を受けるなど華やかなスタートとなったが、当時は病気の予防に対する一般の人の関心が薄く、設立後わずか2年で経営が危ぶまれた。そのような中で毎日の心労がストレスとなり、ついには設立者本人がアトピー性皮膚炎になってしまった。

ステロイド以外のもので治癒したいと思っていたところ、出合ったのが竹酢液である。「お風呂に入れて使うと痒みがとまる」ということだった。

竹酢液は、郡山市から車で西へ約1時間半、炭やきの里として知られる都路《みやこじ》村で、竹を原料として炭やきを行っている㈲竹炭工芸都美で製造していた。代表である吉田敏八氏との出会いが、ナースバンク㈱の化粧品開発のきっかけとなった。

すすめられて竹酢液を使用したところ、最初は半信半疑であったが、日を追うにつれ症状が改善されていった。ついには、アトピー性皮膚炎となってからわずか半年あまりで、あれほど痒みに悩み、かき壊した皮膚がほぼ元通りになったのである。

周囲をあらためて見渡すと、皮膚のトラブルを抱えている人が大勢いる。自分と同じ方法でなんとかならないものか、竹酢液をなんとか商品化できないものかと思案の日々が続いた。

なぜ竹酢液で痒みがとまるのか

徳島大学薬学部教授・高石喜久氏は、日本竹炭竹酢液協会会誌『竹炭竹酢液』に寄稿された論文「竹酢液の機能とその有用性について」のなかで、臨床実験例をつぎのように紹介している。

「久留米医大・樋口氏の実験では、竹乾留液と竹タールを皮膚炎・慢性湿疹・かゆみ性疾患・糸状菌疾患など、80例に使用し、著効：30例、確効：17例、軽効：14例、無効：10例、悪化：3例で、特にかゆみ止め、消炎には効果が大きい」（ｖｏｌ１・２０００年1月）

　現在は、このように医学界でも竹酢液の効能が臨床実験で数多く行われている。しかし当時は、具体的な実験データもなく、止痒効果は竹酢液の各成分の効能と自分の体験によるものであった。

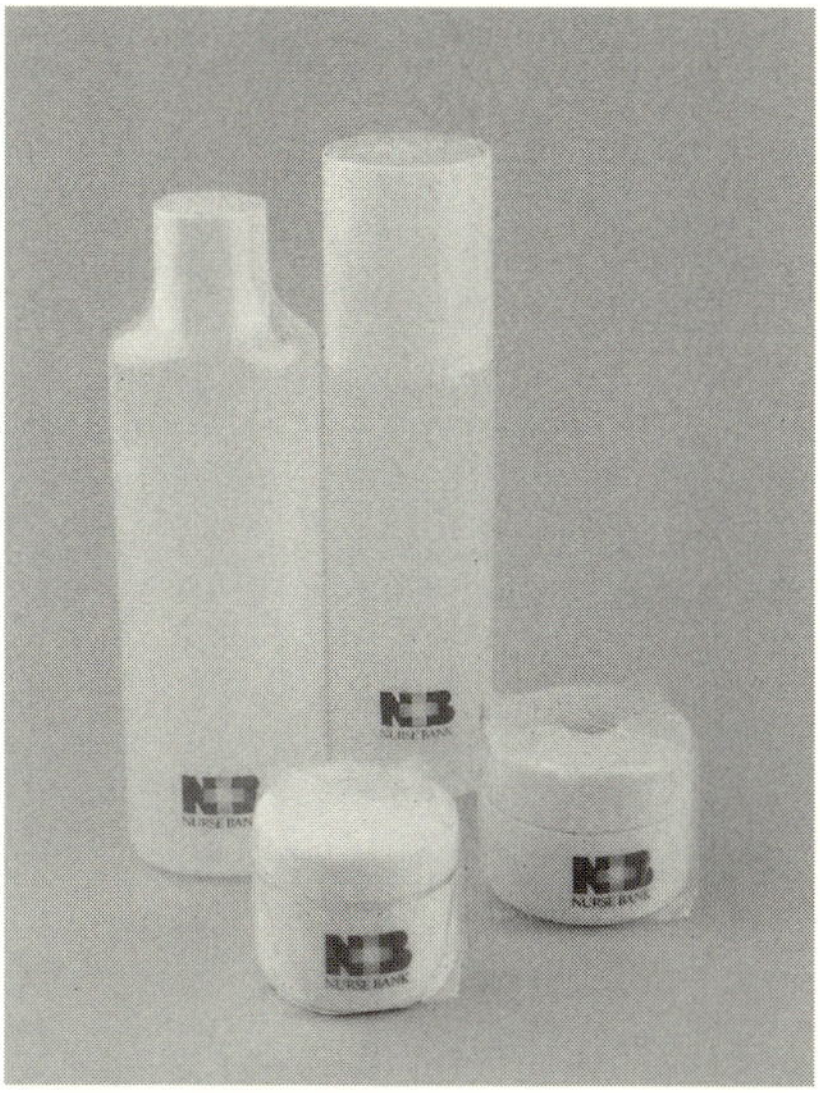

竹酢液入り化粧品NBクリーム

竹酢液入りNBクリーム

竹酢液を入れたお風呂で改善されたとはいえ、角質化して皮膚が割れ、体液の出た部分はいつまでも痒みが残った。しかし、竹酢液をつけると、しばらくは痒みが遠のく。

　そこで、竹酢液の効果を持続させるためにはクリームに練り込めばいいのではないかと考えた。昔から皮膚の保護薬として使用されているワセリンに竹酢液を配合することは、医院での処方で酸性水で体を拭き、そのうえからワセリンを塗布することと一致する。

　そこで、ワセリンと竹酢液を混ぜてみた。しかし混ざらない。配合割合を変えようが、熱を加えようが混ざらないのである。みごとに分離する。

　あるとき、新聞に馬油がアトピーに効果的であるという記事が載っていた。試しに混ぜてみると、あれほど分離していた竹酢液とワセリンがトロトロと、まさにトロトロと混ざっていく。的確な配合をすることにより経時的変化も少ない。止痒効果のある竹酢液と保湿効果の高い馬油、そこに表在性（表面に膜を張る効果）の高いワセリンが皮膚を保護し、三者の相乗効果が出た。

自分の皮膚ばかりでなく、家族、友人、知人にも試してもらった。ほとんどの人が、割れていた皮膚や乾燥の激しい部分に効果が出た。商品化をすすめられた。

知人の紹介で埼玉県にある化粧品製造工場、メディカルスペース㈱に話を持ち込んだ。社長である難波義男氏は研究熱心な人であり、生薬を化粧品に生かそうとしていた。こちらからの申し出にすぐに応じてくれ、専門的な知識とともに実験に入った。

まず、安全であること。誰でもが安心して使用することができること。これらをクリアして、当社の竹酢入り化粧品第1号「NBクリーム」は誕生したのである。

つぎに、頭皮が痒い人のために作った竹酢入りシャンプーは、思いがけない効果を生んだ。竹酢の酢酸の成分が髪につやとハリを出したのである。

その後、お客さまからの要望で、現在竹酢入り化粧品のアイテムは10種、さらには手荒れのひどい人のために竹酢入り洗剤を加えている。

今後の課題

やはり、竹酢液のにおいが問題だ。「いいとわかっていてもにおいがねえ」という人は、とくに若者に多い。慣れてしまうと気にならないというが、最初の手に取るまでに時間がかかる。

しかし、朗報もある。最近のナノテクノロジーをうまく利用して、成分が変化することなくにおいだけを薄くする実験を進行中であり、かなりの効果が出ているという。おおいに期待の持てるところである。

現代病ともいわれるアトピー性皮膚炎の方々に少しでもお役に立てるよう、今後、なお一層の努力を重ねたい。

◆竹炭・竹酢液は暮らしの新資源
竹酢液の台所用洗剤

鈴木浩市

洗剤の歴史

石けんの製造については、多くの方がご存じのように、ヤシ油、牛脂、鯨油など動植物の油脂に苛性ソーダ（NaOH）を混入してつくられたものである。しかし、戦時中にこれらの油脂材が軍部に回され不足気味となり、その結果ドイツが開発した、石炭を基材としてアルコールをつくり、これを硫酸化して洗剤をつくるという製法を取り入れ、高級アルコール系の洗剤として開発使用された。アメリカではその後、これに対応して石油を基材にアルコールをつくり、硫酸化して洗剤をつくった。これがよくABS（アルキルベンゼンスルホン酸ナトリウム）といわれているものである。

1950年ころより、日本にもこの原料がアメリカより輸入され、これらの洗剤が一般に出まわった。従来の石けんと比較しても、製造コストが安く大量につくれる。香りもつき、界面活性剤を多量に使い泡立ちをよくするといった付加価値もつけられる。テレビというマスメディアでの宣伝効果と、洗濯機の普及とが相まって、一挙に日本全国で使用される結果となった。

これらの洗剤は、いずれも毒性が強く泡公害を伴い、自然界での分解ができない。そのためハード型洗剤と呼ばれ、全国の主婦や消費者団体をして、不買運動にまで発展させた。それとともに、有リン洗剤が湖沼や海での赤潮の発生の原因であることがわかり、無リン化が進み、同時に界面活性剤の合成技術が進み、自然分解しやすい洗剤も数多く売り出されることとなった。

石けん運動の功罪

元来、石けんの主成分は天然の脂肪酸で、体内に入っても2～10時間程度でほとんど分解し、また自然環境の破壊も抑えられ、安心して使用できたものである。

石けんそのものは有害性は少なく、自然環境に優しいものではあるが、その使用状態と効果、使用後の有機性汚濁負荷、原料の供給（パーム油の増産に伴い、熱帯林の破壊）、製造コストの増大（純石けん）など、商品のライフサイクルアセスメントで多くの問題が表面化してきた。

石けん運動はたしかにＡＢＳ問題に一石を投じ、国民の目を自然環境や人体保護に向けさせた功績は大きい。しかしこの運動が教条的となり、科学性、論理性を無視し、石けん以外の合成洗剤はすべて「悪」であるとの立場をとり続けることが、むしろ悪であることに早くに気づくべきであった。

そのよい例として、最も早く石けん運動にかかわってきた滋賀県が、１９９２年、手づくり石けんの使用を市民に自粛するよう要請した。

１９９４年には石けんの原料となるパーム油の増産のために、熱帯林の破壊と農薬汚染が問題になった。これは、合成洗剤に比べて原料の消費量が多いためである。また、１９９７年には石けん推進の中心的役割を果たした日本生活協同組合の発行した資料で、石けんは有機汚濁負荷が他の合成洗剤より大きい、とするデータを示した。その結果、年々石けんの売り上げは伸び悩み、石けん運動の中心はメーカーが担う傾向が強くなってきた。

石けん運動を40年前からたどってみると、そこには○×思考に基づく、理論性、科学性を無視した行動がみてとれる。西洋医学を完全否定して、漢方薬以外はダメといっているのに等しい。

パラス(Pallas)の誕生

私どもは、洗剤の使用実態を把握するために、５３０人の主婦に対してアンケートを実施した。その結果、43％の主婦が、手荒れ・湿疹に悩まされていた。当時これらの病気を「主婦病」と称し、これといった治癒の手立てもないため、多くの主婦が苦しめられていた。

当社は8年前から、主婦病の改善に役立つ洗剤の開発に着手していた。洗剤といえば、「汚れ落ち」

「自然に優しい」「人体に優しい」のは当たり前。これに、どう付加価値を与えるかが、合成洗剤に要求されるべきである。その付加価値は、汚れや油の二次汚染の防止とした。

油等の汚れを台所できれいに落としても、それが河川や下水道、湖沼に至って再汚染するのは防がなければならない。それと同時に、洗剤そのものは可能な限り少量で用が足せ、生分解性に優れたものでなければならない。

これらの条件を満たした洗剤が、今回当社で開発した台所用洗剤パラス（Pallas）である。

竹酢液入り台所用洗剤パラス

竹酢液との配合

前記のような洗剤を開発したところ、ナースバンク㈱野本社長より、竹酢液の配合を提案された。以前から竹酢液に対して興味があり、その効能もパラスの開発コンセプトに合致していることから、配合することとした。

竹酢液に期待する効能は、①殺菌効果、②脱臭効果、③スキンケア効果、④土壌改良効果である。竹酢液を微量配合することにより、家庭用万能洗剤としての効果を大きく期待できることとなった。パラスとの相性もよく、本洗剤のグレードを高めることができた。

本洗剤に使用している界面活性剤は、自然分解しやすいものを厳選して使用しており、その含有量は10％未満である。よって、本洗剤使用後は皮膚のしっとり感もあり、手荒れの改善も顕著である。

◆竹炭・竹酢液は暮らしの新資源
生薬としての竹瀝、竹酢液

高石喜久

生薬としての竹酢液の記述は、残念ながら存在しない。本稿では生薬としての竹類、竹酢液に関連する生薬「竹瀝《ちくれき》」、竹酢の薬理活性の報告例、並びに著者らが研究を進めた竹酢のうどん粉病に対する作用について述べる。

竹に関する生薬

竹・笹類は古くから日本人の生活と深いかかわりを持っており、各種の用材や食材、道具として用いられてきた。

薬用資源としても竹葉、竹茹《ちくじょ》、竹瀝《ちくれき》、竹黄《ちくおう》、竹巻《ちくけん》心《しん》、竹衣《ちくい》、竹花《ちくか》などがある。クマザサ類も民間薬として使用されている。

竹茹

イネ科のハチク（*Phyllostachys nigra*）の茎の中間層を用いる。第一層の緑色の外皮を薄く削り取り、次に中間層を削って帯状にする。成分はトリテルペンなどが含まれ、抗炎症作用が報告されている。

漢方では清熱《せいねつ》・化痰・止嘔《しど》の効能があり、漢方処方（清肺湯《せいはいとう》、竹茹温胆湯《ちくじょおんたんとう》、橘皮竹茹湯《きっぴちくじょとう》）として用いられている。一般に痰熱を治療するときには生を用い、嘔吐を治療するときは生姜汁とともに用いる。

竹葉

イネ科のハチク（*Phyllostachys nigra*）の葉のこと。イネ科のササクサ（*Lophatherum gracile*）の全草を淡竹葉《たんちくよう》という。葉の成分にはトリテルペン類が含まれており、解熱・利尿作用が知られている。

漢方では、熱性疾患後の余熱の治療に石膏などを配合（竹葉石膏湯）、また糖尿病などによる口渇の症状に麦門冬・人参などと配合する（麦門冬飲子）。

竹瀝

イネ科のハチクの茎を火であぶり、流れ出た液汁。青黄色ないし黄褐色の透明な液体で焦げたにおいがする。

漢方では清熱化痰の効能があり、痰家の聖薬といわれ、脳卒中やてんかん、ひきつけ、熱病、肺炎などでのどに痰の音がして胸が苦しいときに用いる。単独で使用または生姜汁などと混ぜて服用する。

この竹瀝は一般的に竹酢液と誤解されている場合も多い。中国の古書『本草綱目』に記載されている事項を次に詳しく説明しよう。

『本草綱目』に書かれた竹瀝

『本草綱目』とは、数千年に及ぶ中国の漢方薬の歴史を李時珍が集大成し、１５９０年に発行した本草書（薬用になる植物等について書いた本）であり、１８９２種の薬物についてその名前、性状、製法、用途などが詳しく書かれている。その中に淡竹瀝についての記載がある。

淡竹瀝の材料になる竹の種類は決まっていたはずだが、今日ではわからなくなっている。製法については「まず、竹を2尺ほどの長さに切り、それを向かい合わせた形で横に置く。そして中心部を火であぶり、先端から流れ出た汁を受け取る」と説明されている。これは当時の伝承法であったようだが、李時珍は彼なりの方法として「竹を長さ5～6尺に切り、立てかけ、下に器を置き、炭火で周囲をあぶって流れ出た汁を集めよ」と記載している。そして「気味は甘、大寒、無毒」、つまり味は甘く熱を下げる効果が大きく、飲んでも害がないといっている。また、生姜汁をあわせて使うこともすすめている。

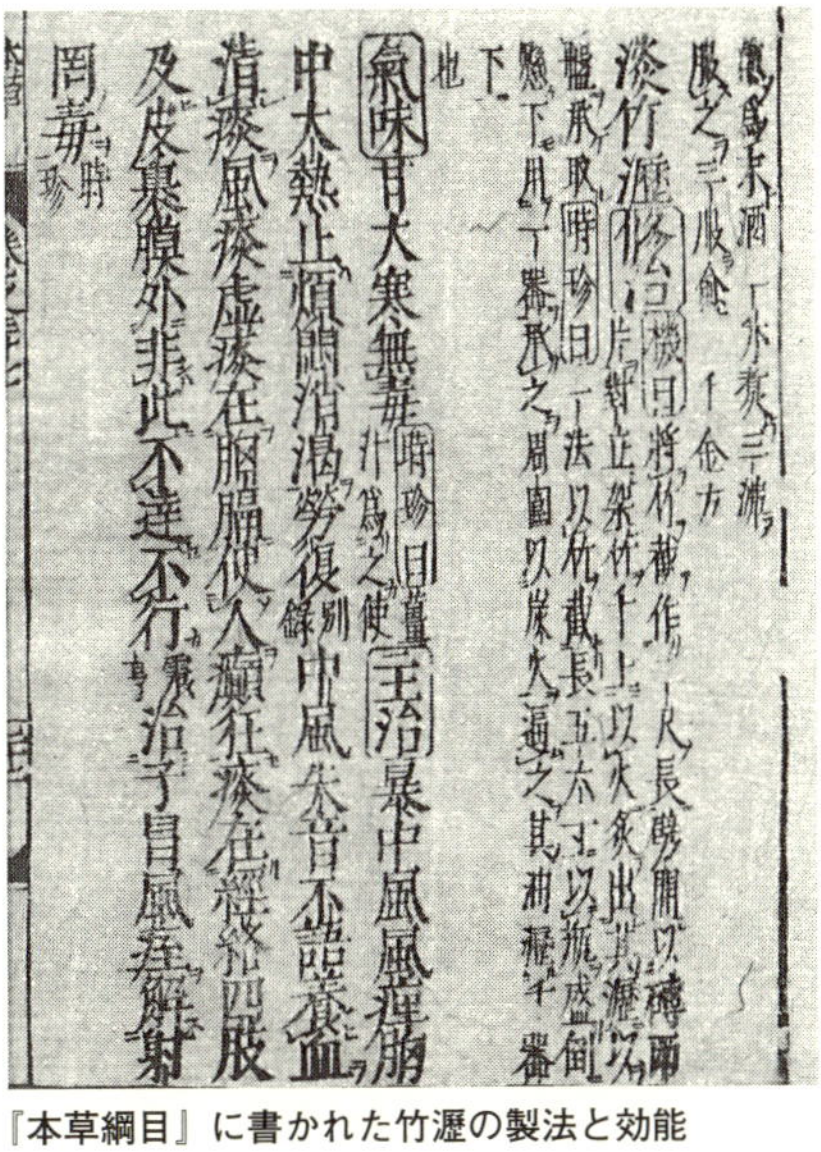

『本草綱目』に書かれた竹瀝の製法と効能

竹酢液と竹瀝は製法が違う。竹酢液は竹を燃やした煙を冷却して得た液で、竹瀝は竹を加熱して出てきた熱液汁であり、まったく異なる製品であることを理解していただきたい。

竹瀝の「主治（効能）」は、中風と痛風、熱病、煩悩であり、のどの渇きを癒し、疲労回復にも効果がある。また中風で失音（口のきけない状態）のときにも効果があるとされている。

別の竹からつくられた慈竹瀝についても、種々の効能が記載されている。たとえば中風で口がきけないときには生姜汁に混ぜて飲む、子供の風邪には葛《かっ》根《こん》（植物の葛《くず》の根）と一緒に飲むとよい、子供の口の腫れものに効く、などが書かれてある。なかには口が動かず死にたいという人には、竹瀝半升を温めて飲むとよいとの記述もある。

竹瀝は竹を加熱し、出てきた熱液汁を集めたもの

竹に関する薬理研究

竹に関する薬理学的研究に関しては、竹乾留液などの皮膚炎に対する治療作用、クマザサの抗炎症作用、利尿作用、抗腫瘍活性、笹類の多塘体分画に抗腫瘍作用があること等が報告されている。本稿では竹酢液に関係する竹乾留液についての報告（樋口健太郎他「竹乾留液並びに竹タールの皮膚疾患に対する治験」『治療』30巻、354、1948年）を紹介する。本報告は戦後間もないころの研究であるが、興味深いデータが掲載されている。

実験に使用した竹乾留液並びに竹タールの製法は次のとおりである。

竹（種類は一定しないが、主として孟宗）を細切り乾燥し、数時間乾留する。その際乾留ガス、水液およびタールを生じ、あとに乾留炭が残る。そのうち水液とタールを使って各種皮膚病のテストをしている。水液は再蒸留すると比重1・003の褐色を帯びた酸性液となり、特有の香気を発す。主成分としては種々の有機酸（酢酸4・29%、ギ酸0・61%、ほか少量の酪酸、吉草酸、カプロン酸）計5%を含有し、pH2・4〜2・5である。5炭塘、6炭塘などの炭水化物があり、旺盛な還元力を有する。タール分は比重1・046。酸性油分83%。このうちフエノール類が81%である。この実験では水液は原液または2〜5倍に薄めるか、あるいは白軟膏、黒軟膏を作製し使用している。

詳しい実験結果は原著を参考にしていただきたいが、少しだけ紹介しておこう。

皮膚炎に関し、いずれも成人5例に使用した。第1例は山に行き発病したもので、水液の2倍希釈液を一日3回試用した。翌日には痒感もとれ、5日目には発赤、腫脹も消失した。2例目は、草むしりをしてその翌日より左手背および指列が腫脹し、あわ粒大の水疱が生じたもので、水液の原液を用いたが刺激もなく8日目に発赤、腫脹、痒感とも消失した。他の3例も希釈した水液を試用し、治療した結果ほぼ完治した。これら皮膚炎は毒物性または薬物性皮膚炎であった。

乳児の頭部の急性湿疹にも、黒軟膏を用いて4例の治療が試みられた。そのうち2例は8〜15日間で乾燥し完治したが、他の2例には効果が認められなかった。症状によって効く場合と効かない場合があるようだ。

慢性湿疹に関しては、発病後1〜3カ月で相当な痒みがある、かなり症状の重い5例で治療を試みた。第1例では水液を2倍に希釈し治療を進めた。5日目ぐらいには赤みも痒みもとれている。2例目には白軟膏が使用されたが、効果はなかった。第3〜4例には竹タールが試用された。3日目に痒みが止まり、5日目には落屑消失と著しい効果が認められている。しかし5例目では効果は認められなかった。

また陰嚢湿疹の3例にたいしても治療を試み、水液を用いた2例では3カ月ほどで軽快したが、第3例では効果がなかった。

本論文では上記結果を含む皮膚炎、湿疹、陰嚢湿疹、痒性疾患、糸状菌性疾患等80例に対し治療を試み、36例が著効、17例が確効、14例が軽快、10例が無効、3例が悪化との結果を得ている。とくに痒み止め、消炎作用には効果が大きいとまとめられている。

水液などの製造方法の詳しい内容はわからないが、この論文で使用された竹由来水液は湿疹などに効果があると考えられる。ただこの文献を根拠として竹酢液が皮膚病に効果があるということには、製造に種々の方法があり、品質の異なる現状の竹酢液を考慮すると問題点があると思う。

竹酢液の農業分野への応用

著者らは小浜竹炭生産組合の鳥羽組合長の協力で、これまで竹酢液の農業分野への応用について徳島県立農林水産総合技術センター農業研究所との共同研究を進めてきた。竹酢液に関して農業分野への応用として植物の生長促進、病害虫駆除作用等が盛んにいわれているが、公的機関で研究され論文にされている報告例は、著者の知る限りこの一報しかない。この成果を解説する。

うどん粉病は、キュウリの代表的病気のひとつである。病原菌はカビの一種で、発病すると白い粉のような胞子が葉の表面を覆い、苗の生育の勢いを弱め実の大きさや収量に悪影響を与える。

大型ビニールハウス内で栽培したキュウリ（あさみどり5号）を用い、各株の下位3～4葉に発病のみられた時期に1週間おきに3回、各濃度の竹酢液、市販農薬を散布し、無処理群と比較した。

その結果、竹酢液50倍希釈液の散布効果はかなり認められた。薬害もなく、各種市販薬剤に比べると効果は劣るが、実用できる可能性が十分あるとの結論に達した。

現在、竹酢は特定農薬認定に向け作業が進行していると聞くが、本論文のこの作業に対する役割は大きいと考えている。本研究の詳しいデータは、論文（金磯泰雄、菅愛、高石喜久、徳島県立農林水産総合技術センター刊『農業研究所試験研究報告』第37号、2002年1月、37～41頁）を参照してほしい。

第７章

竹炭・竹酢液の製品開発と有利販売

木・竹炭入り石けん各種

◆竹炭・竹酢液製品開発と販売
地域材の活用こそが最重要

竹炭工房ひっぽ　目黒忠七

商品開発の留意事項

私が炭やきを始めたのは、1992年4月であった。そのときは、単に炭のある生活がしたかったからである。炭ごたつやバーベキュー用の炭をやき、炭と木酢液（当時）を利用した無、減農薬農業をしたいというのが動機であった。

まもなく竹炭の持つ水・空気の浄化力、脱臭力の凄さに魅せられてのめり込むこととなった。そのときより生活資材として、別な言い方をすれば環境・健康資材として大きな産業になり得るのではないかと思い、商品の開発にあたった。開発等にあたっては、故岸本定吉先生の大きな助言や利用者からのアドバイスによるものが大きい。

竹炭・竹酢液の商品開発にあたっては、家庭で簡単に使用できることで、①炊飯、水等は洗浄、煮沸済み、②小分けし数回で使い切ること、③だれでも買いやすい価格、④竹酢液は用途に応じた容器のサイズと種類、⑤同じく携帯も容易にできること、⑥竹の素材そのものを見せるインテリア、⑦使用したとき汚れないこと、⑧環境にやさしいこと、に留意した。

製品の開発にあたっては、切断機、粉砕機など最小限の機械は必要である。そのときは第一に安全が確保できること、次にいくら炭でも加工時に汚れないことが大切である。

並大抵ではない営業活動

販売ができれば成功である。いくら生産、加工しても販売しなければ何にもならない。営業活動は、次にあげることを踏まえて行う必要がある。

①継続すること。長く続ければマスコミ等がやってくる。

②確かな知識を得るために、常に勉強する。

竹炭で地域活性化をめざす

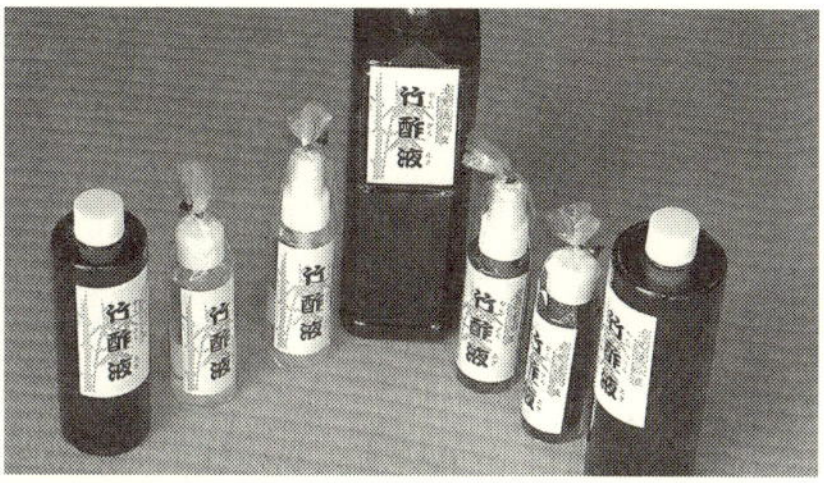

竹酢液製品いろいろ

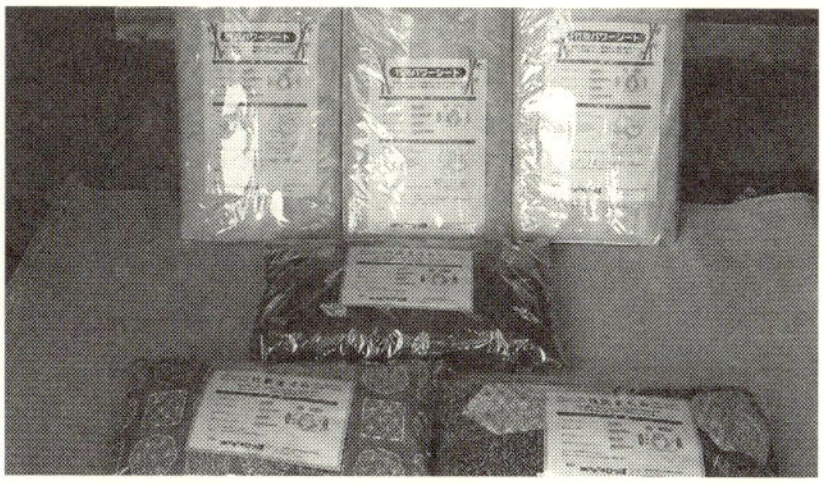

竹炭には環境、健康資材としての可能性がある

③催事へ出展する。
④パッケージ、キャッチフレーズ、PRが大切。
⑤専門業者への委託（石けん、食品、ほか）、または協力を得る。
⑥販売先を選定する（直売所、一般商店、インターネット）。
⑦地域、行政との連携を図る。
⑧卸か小売かを決める。
⑨薬事法に触れない。

農業生産者や加工業者が営業活動することは、並大抵なことではない。しかし、避けて通れないことである。

また、地域性も重要視し、農業、河川、住宅、家庭用など広い視野から可能性を探り、また使用者のさまざまな体験、経験談を広めてゆくことも大切である。地域内において異業種との連携協力を図りながら新商品を開発することも必要と思われる。

地域の原材料を活用しての生産・販売こそが、現在一番求められている活性化、地域興しであると信じている。

◆竹炭・竹酢液製品開発と販売マーケティングの必要性

ガイアシステム　山本　剛

新たなマーケットを創出するには

「山高ければ谷深し」の言葉どおり、ブームが続き過熱すると、やがて低迷期に入る。竹炭・竹酢液も例に漏れず、同じ轍を踏んでいる。新聞雑誌をにぎわし、町村の補助金がつく、視察が増えるといった時期が、業界のピークである場合が多い。

竹炭・竹酢液製品は、流通の体系が整備されない（消費者にとっては、どこで売っているのかわからない）状況が長く続き、小さなマーケットに、さまざまな品質の商品が参入して混乱期に入っている。

今後、環境改善資材として、あるいは炭素複合資材として、炭の需要は爆発的に伸びる可能性を秘めている。新たなマーケットの創出には、産学官の息の長い取り組みが必要となる。弱小の業界であるわれわれが取り組む第一の課題は、業界のネットワーク化であろう。

どのような質の炭を、どのくらいの規模でやくのか、あるいは竹材の供給量、コストなどを勘案して炭窯の建設に入るのが通例である。ついつい、どこに売り込むのか、永続的な、拡大基調のマーケットなのかを詰めないで、建設にとりかかることが多い。

生産は軌道に乗った、しかし滞荷するばかりで頭を抱えてしまう事例を多くみかける。

用途を明確にする

農業生産資材として、主に土壌改良資材としての炭を、従来の土窯でやくとしたら、コスト的に引き合わない。土壌改良資材＝農業用を考えると1kg当たり100円程度を中心に考えていかないと、海外産の炭、リサイクル産業が生産する炭に太刀打ちができない。竹酢液を添加するなど、付加価値の高い製品づくりに取り組むにしても、コスト優先となる。

ポーラス竹炭は、土壌改良用に生産している。3

章で記したように、竹林の片づけを兼ねた生産コストを中心に考えた炭づくりである。多孔質でやわらかく、粒状にでき上がるので、そのまま圃場に散布できる。ポーラス竹炭を竹林に散布することにより、たけのこの増産、早出し（地温の上昇効果）が期待でき、自給資材として大いに利用したいものである。

ぼかし肥料の製造

野菜や果物の有機栽培を行ううえで、もっとも大切なことは土づくりである。人間でいえば、胃腸の状態をいかに整えるかにかかっている。

炭は動物の消化器系を整えるはたらきを持っており、さらに腸内細菌を善玉化する。同様に、土の微生物のはたらきを活性化させ、善玉菌優勢の状態をつくり出すには炭が最適である。

炭を直接圃場に施用するさいは、10aあたり200kgを目安に施す。炭の効果を高めるには、ボカシ肥として利用する。

有機物を発酵させてつくったものが、ボカシ肥である。植物性の原料、魚カスなどの動物性の原料を混合し、水分を加え（竹酢液加用＝1000倍）、これにポーラス竹炭を3～5％加える。切り返しを行わなくても、夏で15日、冬で30日ほどで、良質のボカシ肥ができる。

ボカシ肥は有益な微生物の補給増殖に役立つだけでなく、肥効が持続し良質な作物ができる。

浄化の立役者は炭

低温でじっくり熱分解（炭素固定）をし、また時間をかけて精煉する。窯内の温度差をできるだけ少なく（50℃以内）すると、密度の高い、高品質の炭が生産される。

土窯での炭の製品づくりは、水の浄化、炊飯用など、生活に密着した商品の開発が主力となっている。その中にあって、大量の高品質炭の需要（工業的な）が芽生えてきている。

藤基礎工業㈱（東京）は、これまで技術的にもコスト的にも困難とされてきた、有機溶剤による汚染土壌の浄化をするシステムを構築した。「竹炭置換式土中浄化システム」がそれで、高品質の粉状竹炭を使用している。

本格的な稼働になると、いかに均質、高品質の炭を安定的に供給できるかが課題となる。

土壌汚染の現況は、国内はもとより、欧米諸国でも深刻で、対応が急がれている。今世紀は水戦争の世紀ともいわれるくらい、水の質・量が問われる時代に入っている。

地下水の汚染、表流水の浄化の立役者は炭である。土窯で培った技術を工業的生産の礎として展開し、新たな製炭の仕組みをつくり上げるときである。

炭材を燻煙専用の場所へ運ぶ

竹炭の粉砕炭いろいろ

燻煙処理専用装置で効率アップ

高品質の竹炭を生産するには、原料の竹の水分含量が大きな要素となる。適期伐採、葉枯らしが大切な作業であるが、年間を通して竹炭をやくには、効率的に水分調整を行う必要がある。

そこで当社は、県産業創造機構の補助金をもらって燻煙専用窯を建設した。フォークリフトでの搬入・搬出で、重労働から解放され、能率も5倍となった。また燻煙処理した竹材の販路も広がりをみせている。

販売促進情報の収集

また当社では、6月に「絶品のタケノコを食べる会」、10月には「秋の竹感謝祭」を開催している。2004年で7年を迎え、毎回50名くらいの参加者がある。主として首都圏からの参加者で、さまざまな分野で活躍されている方々である。

ここでの交流により、新たな製品づくりへの足がかりや新たな事業展開へのヒントが得られている。

◆竹炭・竹酢液製品開発と販売
特徴ある製品づくり

竹炭工芸都美　吉田敏八

失敗に終わった燃料用竹炭

福島県の片田舎で竹炭・竹酢液を製造販売して17年の歳月が過ぎた。

いまでこそ多方面に活用が広がる炭も、当時はもっぱら燃料としての認識しかなく、販売先としては当然その方面（焼き肉・焼き鳥など）が中心となった。しかし、のちにわかったことではあるが、同じ炭でも木炭と竹炭では燃料として使用するにもかなりの違いがあり、この販売は失敗に終わった。

失敗した理由はふたつある。ひとつは、生産者側として価格的に合わないこと、もうひとつは、利用者側として扱いにくい炭であることであった。

前者については、同じ窯で炭にした場合、木と竹ではいずれが目方の出るものかの単純な問題である。後者は、珪酸の多い竹は堅炭にやき上がるため、さらには見た目をよくするのに形状を残したまま（中空のまま）炭にしたため、燃料とすると着火（火がつきにくい）や燃焼状態（太い竹炭など中空状態が大きいものは、とくに火の移りが悪く立ち消えすることがある）に問題が生じることが問題であった。そして決定的なのが、木炭に比べはるかに肉厚が薄いため、燃焼時間が短いことであった。

商品第1号、華炭

これらの理由から、竹炭を単純な燃料としては諦めざるをえなかった。しかし、それ以外での販売もままならず、燃料としての利用に活路を見いだすべく努力を続けた結果、生まれたのが商品第1号となった「華炭《はなずみ》」である。

ある程度の太さの竹炭を3～4㎝くらいの高さに輪切りにし、その輪を立てたものの中に、さらにそれより細い輪切りの竹炭を3～4本入れたもので、上から見るとまるで「黒い蓮根」のように見えるものである。この蓮根をさらに金網を枠としたものの中に4個入れ、ひとつのかたちにしたのが華炭というわけである。

筒状の竹炭を立てる形は、燃料としての竹炭の魅力を十分に引き出したものとなった。それまでの着火の悪さや燃焼時間（横状態の竹炭に比べ3倍の燃焼時間があるといわれる）の問題等を大きく改善し、本来カロリーが高い竹炭に煙突効果のはたらきも加わり、強い火力を引き出した。

軽量・コンパクトで強い火力の華炭は、その後一般家庭をターゲットに卓上用コンロとセットでデパート等で販売され、年間百数十万円程度の売り上げを計上するまでになった。

しかし、この華炭にもまだ改善の余地は残されている。すべて手作業であることから、どうしてもコスト高となってしまうこと。そして、軽量・コンパクトをセールスポイントとするには、着火にひと工夫（現在はガスコンロで着火しているが、それをマッチ一本でつくようなものに）がほしいことである。

現在、コスト面では華炭の形を工夫することで、ある程度の解決のめどが立ってきたが、着火については未解決のままである。不況風のあおりもあり年々売り上げを落としてきている華炭ではあるが、このあたりを改善できれば復活は夢ではなく、さらに上を狙うこともできると確信している。

華炭は卓上燃焼炭として火力も十分

竹炭工芸品

華炭を主力商品として盛んに売り出していたころ、その一方で力を注いできたのが竹炭の工芸品である。

炭をインテリアとして利用する発想は古く、平安貴族が「お花炭」を楽しんだとの話もある。竹炭をこのような利用の視点でみた場合、その面白さは格別である。

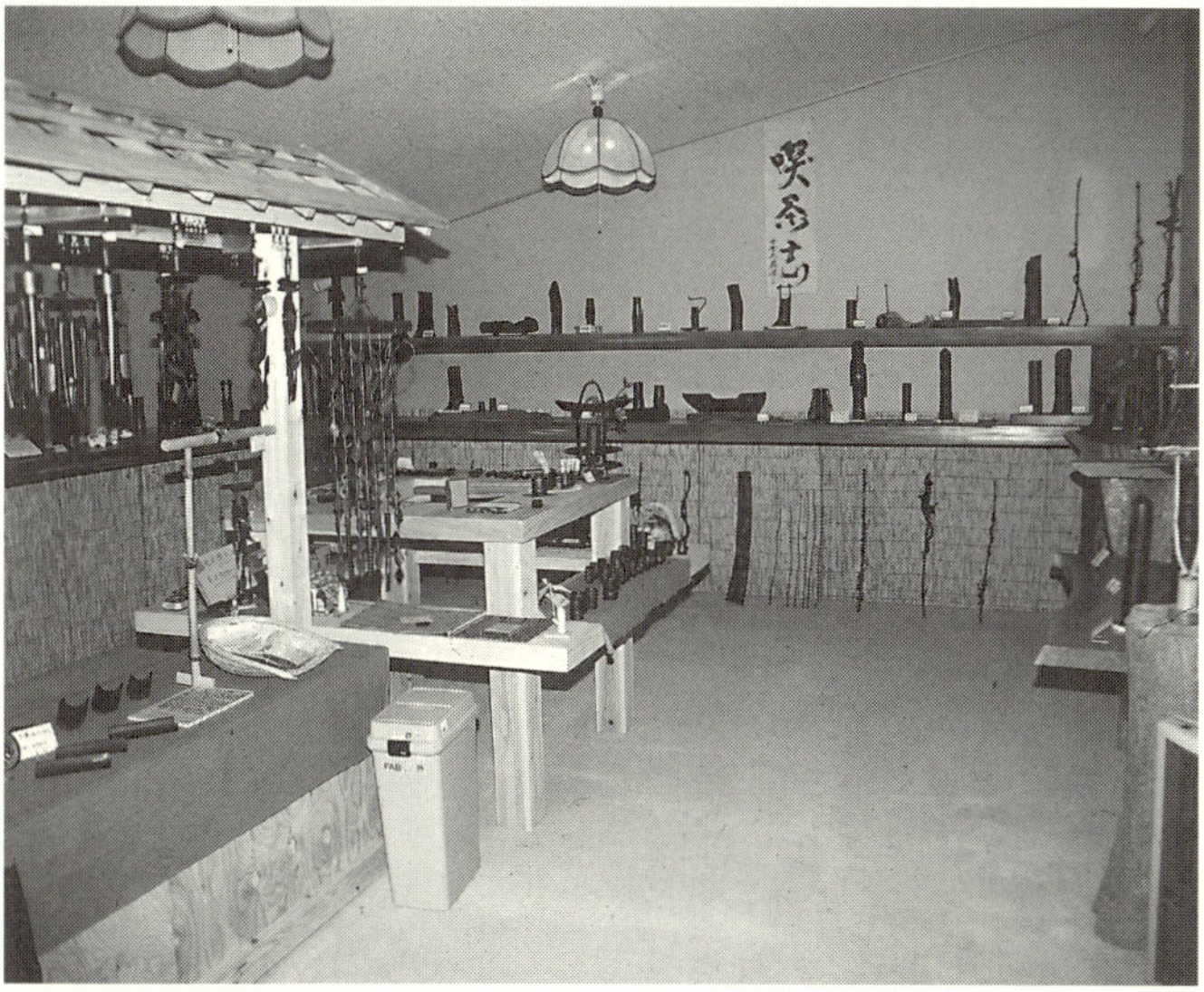
逢竹館の展示即売室

本来「うつわ」としてさまざまに利用されてきた竹。それを炭にするということは新たに「やき」の変化を加えたものにすることでもある。当然、通常の竹とはひと味違ったものとなる。

「やき」による変化はさまざまあるが、表面的には黒くなること、そして収縮することといえるだろうか。インテリアとしては見た目が重要視されるとすれば、この表面的な変化は十分に活用されなければならないであろう。「存在感」としては黒は十分にあるので、あとは形をどうするかの問題である。ただし、難しいのは、その炭となったものをいかに形とするかである。

竹は炭にすると太さにして50％、長さにしても20％程度が収縮する。この急激な変化の中で、ほとんど必然的に割れが生じる。さらに炭となることで、硬度はあるが強度はない（もろい）という、大変やっかいな代物となる。そして竹炭工芸品づくりとは、この「割れ」と「もろさ」との限りなき格闘ということになる。

現在わたしたちが「逢竹館《おうちくかん》」と呼んでいる展示室

には、箸置きや楊枝立て、おしぼり受けから壁飾りや暖簾まで、大小さまざまな展示品で満たされている。品物をつくり始めた当初は竹製品の模倣が多く、その違いをうまく表現できず値段の高いことばかりを指摘されたが、割れやもろさとの格闘を繰り返すなかで徐々に品数は増え、そんななかのいくつかが竹炭工芸品に光明を与えてくれた。

竹炭鈴(ちくれい)

品物をつくる段階で、どうしても失敗作は出る。

定番商品の竹炭鈴

それを袋の中に放り込むとき、炭同士が当たってなんとも心地よい音に聞こえるときがある。それは思わず袋の中をのぞき込むほどである。この音をなんとか形にできないかと工夫してできたのが、竹炭の風鈴(竹炭鈴＝「ちくれい」と呼んでいる)である。

もともと備長炭などで炭風鈴はつくられていたが、竹炭の場合にはもろさへの不安があり、かなり難しい挑戦となった。しかしでき上がってみれば、そのもろさへの不安が同時に淡い、儚い雰囲気を醸し出し、やわらかで軽やかな音色とあいまって、心に染み入るように聞こえてくる。数々ある竹炭工芸品の中でも、至極の一品と自負している。

竹炭の販売においては外国産との競争などもあり、単純な商品づくりだけでは難しい環境にある。厳しい状況を勝ち残るためには努力が求められるが、品質の向上はもちろん、最近の商品づくりは小回りのきいた迅速な対応なども重要である。そしてやはり大事なのは「特徴ある製品づくり」ということになるが、この竹炭工芸品なども十分にその可能性を持つもののひとつとして考えられるであろう。

◆竹炭・竹酢液製品開発と販売
竹炭生産で高齢者の生きがいづくり

身延竹炭企業組合　片田義光

身延竹炭企業組合の成り立ち

日蓮宗総本山の身延山久遠寺があることで有名な山梨県身延町は、かつてたけのこや竹細工の産地であった。しかし、近年の需要減少や地主の高齢化などにより、竹林が荒廃してしまっていた。

１９９０年、身延線の存続運動「身延線を守る会」の元会長でもあった県会議員が、荒廃した竹林の活用・保全のために地域のボランティア仲間と身延竹炭研究会を設立、竹炭づくりを開始した。

１９９６年、竹炭を本格的に生産するため、また老後の生きがい対策という意味もこめて地域の高齢者に呼びかけたところ、さまざまな経歴を持つ高齢者52名が集まった。ひとり1万円ずつ出資して１９９７年に身延竹炭生産組合を設立した。

共同で地元伝統の土窯を設置し、試行錯誤の末に安定した品質の竹炭をやけるようになると、身延山の門前町から注文がくるようになり、身延山の参拝客の口コミで注文が殺到するようになった。そこで１９９９年には、生産規模拡大のための設備投資に対応するため、組合員が1万～5万円の出資金を拠出し、身延竹炭企業組合を設立した。

身延竹炭企業組合の製品と販売

現在は窯を4つに増やし、竹材の切り出しから竹炭の製造、洗浄、包装まで一貫して組合員が行っている。また竹酢液の蒸留設備も導入、多様なニーズに応えている。

販売製品には、竹炭を用いた工芸品、竹炭枕、竹酢液などの組合で加工している製品と、竹炭で焙煎したコーヒーなど民間企業と共同開発を行っている製品がある。組合では、山梨県の森林総合研究所に竹炭や竹酢液の効能に関する研究を委託し、身延竹炭企業組合製の竹炭の効果を科学的に立証すること

林産物展示販売施設が完成

好評の竹酢液製品

竹炭・竹酢液製品の展示即売所

で、品質を保証している。

竹炭と関連製品は、組合の直売所、身延の門前町の土産物屋や宿坊で販売するほか、東京の代理店を通じてネット販売、テレビショッピングなどで販売している。山梨県内外で行われるイベントに直接組合員が出向いての展示販売にも力を入れている。

また組合では、様々な体験イベントを受け入れ、2004年には林産物展示販売施設（体験工房）が完成しており、さらなる集客が期待されている。

約5000万円の事業収入

組合員の平均年齢は70歳。地域の高齢者の経験を生かす形式により、高齢者は働く場と生きがいを得ることとなった。組合員の勤務時間は9～16時の間に、体力、都合に応じて働くフレックスタイム制。報酬は、男女、年齢に関係なく時給700円である。

売上高も目標を大きく上回り、企業組合が設立されて以降、毎年約5000万円の事業収入を上げている。そのうちの7割が竹炭と竹酢液の売り上げであり、その他が竹炭関連製品などである。

◆竹炭・竹酢液の需要動向と販売戦略
竹炭製品も本物しか残れない時代に

ほんやら堂　藤永辰美

炭を扱う人は幸せになれる？

1996年、いまから8年前に「炭」との出合いがあり、商品開発が始まった。

それまでの私たちは、「森の贈り物」というブランドで間伐材を使った日用品や玩具、そして、森からの贈り物である檜や檜あすなろ、竹という素材を加工したナチュラル雑貨・アウトドア雑貨を、観光施設やテーマパーク、そしてアウトドアショップ等を中心に、リゾートグッズとして販売する自然志向のプランニングメーカーであった。

そんな私たちにとって、炭はとびっきりの森の贈り物であった。それ以来、炭を知れば知るほど炭の魅力にどんどん引き込まれてゆき、本当にこの8年間は炭と一緒に時代を駆け抜けていった気がする。こんにち炭という素材が一般に認知され、「炭って体や環境にいいんだよね」と、いわれるようになるまで、炭にとりつかれたようにいろいろな分野で炭を使った商品を考え、さまざまなシーンで販売をさせていただいた。

その当時、寒い北陸の地で炭を研究されている先輩より「炭を扱っている人は人生が豊かで幸せになれるんだよ」と教えられた記憶がある。いま、本当にそうだと実感しながら、心から炭には感謝している。

多くの素敵な出会いとともに飛躍したこの8年間の時代の変遷、そして、炭グッズを商品ライフサイクルごとに、①製品をどのように考えたか、②価格をどのように考えたか、③市場をどこにしたか（お客様は誰か）、④競争相手はどのように考えたか、の4つのポイントを見据えながら、今日までの炭商品の販売戦略を振り返っていくことにしよう。

炭を育てる（炭商品の導入期）

1996年当時はグルメ、アウトドアのブームで、炭といえば屋外でバーベキューをする黒炭が一般には認知されていた。また高級焼き鳥店や鰻屋では、備長炭がもてはやされ利用されていた。このように炭といえば燃料としての利用が一般的であった。徐々に、関係者の努力もあって農業の土壌改良剤、園芸、建築資材への用途の拡大が注目を集めだしてはいたものの、私たちは生活関連商品に絞っての商品開発、そして販売に集中していった時期である。

この当時は、まだまだ炭素材を利用した商品は市場にほとんどなく、各地の炭生産組合がビニール袋に詰めたまま、観光地のお土産として販売しているのが目につくか、デパート等のイベントの物産市で見かける程度であった、商品というにはおこがましい、そんな時代であったと記憶している。

この当時の販売のポイントは、商品デザインと商品の効果・効能、そして環境・リサイクル素材を強調する販売促進に集中して、自然や健康をテーマにしたリゾートショップ、アウトドアショップを中心に、飲料水の浄化用商品・炊飯用商品・消臭商品・お風呂の入浴用商品として各効能別に商品化をしていったことであった。いまでは当然のことであるが、その当時は確たる根拠もなく炭をビニール袋に入れて「飲料水にも炊飯用にもお風呂にも使えます」、はたまた「土壌改良用にも使えます」との説明文を一緒に入れて商品として売っていたのである。

また、商品開発は効能別にこだわるだけではなく、炭を洗浄し商品が汚れないようにする点に留意した。そしてお客様が使いやすい大きさを考え、コンパクトなサイズに仕様を決めていった。このような努力のおかげで徐々に炭商品は売り上げを伸ばしていくことになるのである。

導入期の商品開発のポイントは、ふたつある。

ひとつは、買いやすいこと。導入期は、まだ炭に馴染みのないお客様が買いやすいように、お試し用のコンパクトサイズを中心に品揃えを行った。

そして、もうひとつのポイントは、わかりやすいことである。この商品は「どのように使って何に効果があるのか」がひと目でわかるように商品開発を行った。とくに気を使ったのがネーミングと、外から見て何かわかるようにすることであった。すべての商品に「竹炭の力」というブランドネームを入れ、炊飯用には「おいしいご飯」、飲料水の浄化には「おいしい水」というように、使ったらどのような効果があるのかをひと目でわかるように工夫していった。もちろん、パッケージのデザインはカラー・素材・スタイル・流行性にこだわった、いままでにない商品の開発を心がけていたのである。

炭のホワイトパッケージ

炭ブーム到来（成長期）

１９９８年ごろには炭のブームが訪れる。テレビや雑誌で盛んに炭がクローズアップされ、炭の効果・効能がシャワーのごとく降り注いでいた。１９８４年に3万１０００ｔまで落ち込んだ炭の生産量は、この年には5万８０００ｔと、１・９倍も生産量が伸びている。

私たちも、ノベルティーや通販といった新しい市場が拡大していった。その結果、前々年より商品の販売が拡大基調に入り、つくってもつくっても足りないという状況が1年余りも続くことになるのである。商品不足の原因のひとつには、お客様に使いやすいように工夫した商品加工ができる生産者が、当時まだまだ少なかったことがあげられる。良質な炭を求めて、また共感してくれる生産者を探して日本中を東奔西走した時代であった。

そんな状況の半面、炭にはとても気の毒な時期であったともいえる。ブームに特有の便乗商品の出現である。低価格な粗悪品が同じような顔をして市場に出まわるようになってきた。

私どももこのころより販路の拡大と差別化、研究開発を急ぎ、リゾートショップやアウトドアショップでの販売から、都市部への消費者に一貫して付加価値の高い生活関連商品の販売に精力を注いでいった。急成長していたドラッグストアやホームセンター、100円ショップは新興の海外産の商品に任せて、時代に敏感な消費者に向けた独自の土俵をつくることを考えていた時期であった。

商品開発は、炭をそのまま加工して売る商材から、ボディケアの分野へも拡大していった。炭の健康によいというイメージが、枕の開発、スキンケアとしての石けん・シャンプー・リンス・化粧品、そして食品にまで素材として添加し、炭商品に姿を変えていくのである。まさに炭と名がつけばなんでもかんでも売れた時代を迎えたのだ。いまの大豆（イソフラボン）やにがりと同じ状況である。

ブームの終焉（炭の成熟期）

2000年ごろから、炭を機能素材だけでなくインテリア性からみた様式美という考え方がブームを呼び、私どもの「COO」というブランドがもてはやされるようになった。当時は癒しとしての和風や観葉植物がブームで、和陶器や漆の器、植物と炭を合わせたインテリアグッズは時代にマッチしていたのである。2001年に発表して以来、その反響には驚くものがあり、ドイツのフランクフルトメッセでヨーロッパでの発売も考えたほどであった。

また、2001年より世に出した炭の癒しの機能を持たせた「なまけたろう」というキャラクターグッズも、都市部の生活者を中心に大ヒットした。2004年には絵本としても発売され、炭と同じように息の長い商品に成長している。

このような商品を開発した背景に、ブームのあおりで炭の乱造乱売が進み、価格競争が進んだという状況がある。私たちはそうした状況に強い危機感を持つようになった。なぜなら、沸きあがったブームはやがて終わるものだからである。早ければ1年、長くても3年が限度だろうと考え、早くこのような過当競争の市場から逃れるべく、とにかく商品の差別化・独自性に力を注ぐようになった。だからこのような商品を生むことができたのだと思っている。

この当時は、代替商品としてトルマリンという商材がもてはやされた時代でもあり、まったく炭と効果・効能が同じトルマリンの新規参入により、炭の素材としての販売に少しずつ、かげりが見え始めてきたころでもある。

成熟期を迎えた炭の課題

２００４年、生活関連商品としての炭はまだまだ生き残っているが、私はブームの終焉はまことによいことだと思えてならない。一過性のブームではなく、炭に対する正当な評価と、すでに始まっているその学術的な評価の裏づけ、このような地道な試みや取り組みが、炭を生活に着実に根づかせてくれることが大切なのである。私たち販売サイドの人間も、さらなる商品の工夫が必要になるであろう。

炭の癒し機能を持たせた「なまけたろう」

炭の持つ効果・効能のうちで、消臭の科学的な解明は進んできたように思う。これからは、癒しや健康としての、遠赤外線効果、電磁波遮断効果、マイナスイオン効果の科学的な究明も必要であろう。

また、生活者のニーズを形にできたもの、手軽に使えるもの、そして本物の商品しか生き残れない時代でもある。その答えのひとつとして、炭の効果・効能が見えること、そして実感できることが炭商品の開発のポイントであり、販売のポイントでもあることを実感している。

一時代をつくって消えていったトルマリンやその他多くの健康商材と同じ道をたどるのか、あるいは生活素材として定着するのか、まさにターニングポイントを迎えていると考えられる。炭のとんでもない可能性を信じて販売戦略を試行錯誤している日々である。

◆竹炭・竹酢液の需要動向と販売戦略
常に新しい製品を探す

箸匠せいわ　木越祥和

竹炭の力を知ってもらいたい

当社は、福井県小浜市で若狭塗り箸の製造販売を営んでいる。主に観光売店が中心で、年間12万人のお客様が当店にお立ち寄りになる。

当店は「野の花のせいわ」ともいわれ、店内ところどころに野の花を生けさせていただいている。しかし、お花を毎日取り替えるのは大変な作業で、少しでも長くお花がもつことを毎日考えていた。そんなときに出合ったのが竹炭であった。

１９９３年に竹炭を３kg購入し、いろいろと試してみたところ、実際に花瓶に入れるとお花が長くもつ。また、ご飯を炊くととても美味しく、お水に入れると水の味が変わった。まだまだ竹炭は世に知られていなかったから、このすばらしい竹炭の力を多くの人に知ってもらいたいという気持ちと、お箸以外の柱としての商品という気持ちで、竹炭の販売を始めた。

お客様に納得していただくために

しかし、竹炭は置いておくだけで売れる商品ではない。お客様に説明をしなければならないし、質問に答えなくてはならない。ある程度の知識がなければ、お客様には納得していただけなかった。

そこで私どもは窯の見学に行き、気孔の持つ力やミネラル効果、プラスイオン、マイナスイオン等を勉強した。そして、気孔の顕微鏡写真、ミネラルの数値をお客様に見ていただいた。マイナスイオン、プラスイオンに関してはイオン測定器まで購入し、実際にお客様の前で実験した。対面販売により、炭の効力の説明をしたことが当店での成功の理由のひとつだと考えている。

さらに多くのお客様に知ってもらうために、購入されたお客様から感想の葉書を集めた。全国からの

竹炭および竹炭関連製品いろいろ

お礼状の数には私たちも驚いた。当然、使われていない方への販売促進の効果は十二分にあり、順調に売り上げを伸ばしていった。お花、脱臭等の使用方法に合わせての商品開発もし、一時、一坪での売り上げが年間6000万円までになった年もあった。ちょうど、炭のブームが始まりかけた時期であったろうか。全国から当店の販売方法を見学に来られる業者の方も多かったと記憶している。

　こういった販売活動が炭の普及に貢献したと、1997年に日本竹炭竹酢液協会から表彰状をいただいた。

日本人は新しもの好き

　全国至るところで炭が販売されるようになり、炭のブームも過ぎた近年、当然のように売り上げも減少している。とくに炭単体の商品の売り上げは全盛期の3分の1にも満たなくなった。

　現在は、炭の特性を生かした加工商品が人気があるようだ。当店では、炭をシールにしたもの（商品名「らくつぼちゃん」）や炭の腰ベルト、竹炭枕等が売れているが、これも買っていただくために、いろいろと工夫や仕掛けをしている。

　お客様によさを知っていただく、欲しいと思って

竹炭を生かした生け花

箸匠せいわ本店

竹炭の効果をアピール

いただくテクニックを小売店は勉強していくべきと考えている。日本人は新しい物が好きだ。だからこそ小売店は常にアンテナを張り、新しい商品を探さなければならない。新商品、新開発、こういった商品に弱いのが日本人なのである。また、こういった商品は販売側も売りやすいのである。

メーカーには、どんどん研究をしていただき、新商品を出していっていただきたいと思う。しかし、そうそう頻繁に新商品が出るわけもない。また、売れればすぐに全国どこででも買える商品となってしまう。近くで同じ物があれば近くで買う。同じ物が安ければ安い店で買う。これがお客様なのだ。

小売店は、いかにリピーターを増やすか、いかに他店との差別化を行うのかを考えていく必要がある。それは、サービスであったり、商品であったりするわけである。

サービスも商品開発も、お金をかけずにできる方法は、考えればいくらでもあるはずだ。炭の需要動向よりも、小売店、製造元の販売戦略が、今後の炭市場を左右するのではないだろうか。

◆竹炭・竹酢液の需要動向と販売戦略
販売形態によるメリットと課題

ナースバンク　野本百合子

デパートでの販売

ナースバンク㈱では、デパートでの売り上げで年間売り上げの10％を目標としている。

現在、全国各地のデパートで開催される「物産展」に出展している。一般の消費者の方々と相対して、個々の意見が聞ける大切な機会である。消費者の希望をとりあげ、商品開発あるいは改善へとつなぐことができる。またご提案いただいたことを参考に、再度提供することにより、消費者とのよりよい関係を維持することができる。

しかし、最近は流通の変化に伴い、物産展の数が少なく、入場者が激減しているのが現実である。物産展が魅力的であるために、その場でしか購入できないもの、あるいは特別なセット販売などの工夫を凝らしている。

通信販売

ナースバンク㈱の売り上げの80％が、通販によるものだ。電話、ファックス、ハガキ、インターネットでの受注である。なかでも購入者の年齢層が比較的高く相談を受けることが多いためか、電話による受注が多い。相談の内容はさまざまであり、単に人と話したいだけと思われるケースもある。なかには難題もあり、その場合には専門家の知識を借り、わかる範囲内であらためて返事をさしあげる。

お肌に見合うサンプルをあらかじめ送付し、試用の結果、受注するなど、きめ細かいサービスに心がけている。また、お客様への感謝をこめて、年に2回のセールを行っている。

紹介制度

通販の会員を増やすため、お友達紹介制度をとっている。購入者が新規のお客様を紹介してくれた場

竹酢液入り化粧品いろいろ。売り上げの80％は通販による

合、プレゼント商品とお友達が購入された額の10％相当のクーポン券を差し上げる。これは会員獲得にかなりの効果を上げている。

販売者がいくら商品のよさをアピールしても、それは宣伝にしか聞こえない。しかし、実際に使用している人がすすめると真実味がグーンと増すのである。

店舗販売とパブリシティの活用

事務所の一部を店舗として使用している。

販売の始まりが全国各地の物産展であったため、地元より県外の顧客が圧倒的に多く、地元ではあまり知られていないという不思議な状況ができてしまった。

そこで地元にもっとアピールし、根の張った会社にしようと、店舗の充実を図った。他者に任せての販売でなく、実際に自社のスタッフが応対にあたるので、商品説明も適切で、相談に応じることもできるので売り上げは上がっている。

店舗ができたことにより、口コミでメディアが注目してくれた。小さいけれど独自でほかにない商品

事務所の一部を店舗として活用

が並んでいること、そして無理のない販売法が受けた。

宣伝広告は費用がかかるが、取材を受けると無料である。しかもかなり長時間放映してくれる。効果も臆することなくレポーターがテレビでしゃべってくれるから反響もある。メディアからの取材申し込みがあるときには、積極的に受けるようにしている。

また、あらゆる機会にホームページのアドレスを紹介している。名刺やチラシはもちろん、県や市の機関紙、あるいは異業種とのリンクもお願いしている。

今後の課題

インターネットでの販売が伸び悩んでいる。

以前は業者にまかせたホームページであった。しかし実際商品を扱っているものでないと、お客様の知りたい情報や丁寧な説明ができない。

現在は自社のスタッフが製作し、管理している。訪問者は増えているが、なかなか購入につながらないジレンマがある。今後のことを考えるとき、ネット販売は避けて通れず、試行錯誤の毎日である。

また、感謝セールの後遺症が残る。夏、冬と一年に2回実施しているが、化粧品は使い切るまでのスパンが長いため、お客様が格安な時期にまとめ買いをするとセールの前後は売り上げがガクッと落ち込む。年間を通しての売り上げの確保が、大きな課題である。

第 8 章

竹炭・竹酢液を普及する主な要件

竹炭（割り竹）を積む

環境保全と竹資源の有効利用

木村志郎

竹の森林や里山への侵食

私たちが健康的で安全で快適な生活を送るためには、健康的で安全で快適な住居に加え、豊かな自然環境が不可欠である。

豊かな自然環境とは、澄んだ空気、おいしい水を私たちに与えてくれ、かつ洪水・地すべり・土砂流出などの自然災害に強い地盤を持つ豊かな国土である。そのような豊かな国土は、活力あふれる豊かな森林や里山によってのみつくり出されるのである。

活力あふれる豊かな森林や里山を育てるためには、森林や里山への竹の侵食を阻止する必要がある。

わが国では、竹はたけのことして食され、また竹材として建材、日用品、工芸品、スポーツ用品などに使われてきた。それらは、わが国の竹林から生産されものである。そのため竹林はきちんと管理され、放置竹林は現在ほど存在しなかった。

しかし近年になって、東南アジアなどからたけのこや竹製品が安い価格で輸入され、さらに竹製品に代わりプラスチック製品が使われるようになった。その結果、わが国では放置されたままの竹林が増加の一途をたどり、自然環境を守ってきた森林や里山が竹林によって侵食される状態が目立つようになってきた。放置竹林の拡大が土砂崩れなどの災害要因として危険視されるなど、大きな社会問題に発展してきた。

１９９７年の調査によると、栽培竹林が６万ha、放置竹林がその１・５倍の９万haという結果が報告されている。蓄積乾物重量は１ha当たり１００t。これは、放置されれば環境破壊の原因となるが、有効利用できれば重要な資源となる。

モウソウチクの繁殖力

放置竹林で問題となるのは、主にモウソウチクでである。

約300年前に中国からモウソウチクが輸入されるまでは、日本ではハチクが主流であった。しかし、現在ではモウソウチクが生産量の62%、続いてマダケが27%、ハチクが0・3%を占めている。

モウソウチクは年間に約8・16%ずつ竹林面積を広げていくといわれている。1ha（100m×100m）の竹林で一辺4mずつ広がっていき、10年後には約2・19ha、2倍強の面積になる。放置すれば、森林や里山にとって竹は大いなる脅威になるといっても過言ではない。

たとえば静岡県では、茶畑やみかん畑に竹の地下茎が侵入し、竹林面積の拡大が深刻な問題となっている。

植物分類学上、最も進化した種として位置づけられている竹類は、地下茎と無性生殖によって急速に他の植物を駆逐していく力を持っている。繁殖機能、生長速度に関する合理性をみてみると他の植物と比較して群を抜いている。

旺盛な繁殖力を持つ竹を悪者とせず、資源として有効利用し、樹木などの森林資源の代替品として活用しながら森林資源の復活を図ることは、竹炭・竹酢液として利用することとともに大切である。

この繁殖力旺盛な竹を伐採・利用し管理をしなければ、日本の森林や里山はいずれ竹林に変わってしまうであろう。竹の森林や里山への侵食を防ぐためには、竹を伐採し、利用していくことは大変重要である。その利用のひとつに、竹炭や竹酢液があげられる。

外国産との価格競争

しかし、ここにも東南アジアから輸入される安い製品との価格競争が存在する。

わが国は土地政策に失敗しており、非常に高い土地価格に加えて高い労賃を考えれば、価格競争で優位になることは不可能であることは明らかである。20〜25年で土地価格に匹敵する利益を得るように販売価格を設定する必要があり、土地価格はもろに製品の価格にかかわってくる。それに加え労賃も製品の価格にかかわってくる。

ちなみに中国では、土地を買うことはできないが、年間の山林の借地料が1ha当たり1000～4000円、それに税金の10%が加わる。これから20～25年分を考えれば、およその土地価格を算出することができる。中国の1haの山林土地価格は2万2000～11万円となる。

日本の1974年の用材林地1haが約60万5000円、薪炭林地1haが約41万3000円である。それ以後高騰を続け、1988年より14年間は価格は低下し、現在はこれに近いか幾分低いと考えられている。

このように、中国と日本の土地価格の差は歴然としている。これに労賃の差が上積みされる。労賃も中国と比較して日本は15倍ほど高いと考えられる。

中国産の竹炭は、日本の港渡しで1kg当たり30～250円、日本産が250～1500円。中国産の竹酢液は日本の港渡しで1ℓ当たり15～50円、日本産が土窯のもので200～1000円、機械窯で20～150円ということである。前述の土地価格や労賃の面から、日本産が高いのは当然のことといえる。

価格競争では中国産にとても優位になることはありえない。品質だってよいものが十分中国で生産されている。

日本産を購入し使用する意義

ここで、価格の差は日本国土の環境への投資という理解をしてもらうことが重要である。日本産の竹から製造したものを購入してもらうことが重要なのである。国産の竹から製造されたものが、たとえ価格が高くても進んで購入する国民を育てることが、大切であると同時に必要である。

価格競争に持っていこうとすること自体、日本人にいつまでたっても経済最優先を教え込むだけで、環境の大切さを教えるものではない。現在まで続けられてきた経済最優先の発想が環境を悪化させてきたことへの反省が、それでは生かされない。環境の大切さを国民に教育することこそが、いま何にも増して重要なことといえる。そのような教育を、国をあげて率先してやるべきである。価格が高くても日本の国土を豊かにするために、環境をよくするため

竹は有力な地域資源

に、国産品を購入するという心を育て上げることが重要である。外国産に比較して高い分、環境のために協力したという自覚を持たせることである。

実のところ、経済性を考えても国産品を使うことが有利であるといえる。短期的な発想からはそのような考えは浮かんでこない。長期的に考えた場合、一度竹林に侵食され荒廃した森林や里山を、その大切さに気づいた時点で活力あふれる豊かな森林や里山に戻そうとすると、とてつもない投資ととてつもない期間が必要となる。

環境を考えるとき、世界的に均してグローバルに考えることは、大きな間違いといえる。どんなローカルなどんな小さな土地でも、すべての土地においてよい環境が維持されなければならない。これらは新聞紙上を賑わしている廃棄物処理場を考えても容易に理解できる。

外国の環境もさることながら、まずは日本の環境をよくすることが必要である。活力あふれる豊かな森林や里山は、水資源の涵養、大気の浄化、土砂の流出防止、木材資源の確保、魚資源の確保、景観の保全などさまざまな大きな役割を果たし、環境を守る。このように考えてくると、外国産ではなく国産の竹炭・竹酢液を購入し使用するということが、われわれの大きな使命といえる。

また、近未来に向け、竹の利用は竹炭・竹酢液に留めず、さらなる用途拡大を図る必要がある。

竹炭・竹酢液の現状打破と産業化への課題

鳥羽　曙

市場での竹炭・竹酢液の動き

もともと炭は活性炭、お茶炭、研磨炭のような機能性目的炭を除いては、燃料として研究され、発達してきた歴史を持つ。竹炭も、当初は燃料としての炭化法の援用から生産されて世に出たが、いわゆるエコロジーや癒しブームに影響された炭ブームによって、燃料以外の機能が注目を集めることとなり、消臭、調湿などの機能を持った炭として商品化が進んだものである。

しかし、機能性を売りものにしているにもかかわらず、広告文句は「学者や評論家がそういっております」という間接表現に終始していた。その理由として、多くの生産者は竹炭・竹酢液についての効果・効能、利用方法などの情報整理が十分ではなかったことがあげられる。

土窯、機械窯、ドラム缶等で竹炭をつくってはみたが、自分のつくった竹炭がどのような機能を持っているかを認識して生産していたわけではない。機能・効能については、新聞や雑誌、手引書で書かれていること、学者や評論家がいうことを鵜呑みにして製炭しており、どれくらいの量を使用すれば効果があるという定量化という問題に対しても、ほとんど対処していなかった。

また、販売・流通側も都合のよい情報を一方的に流しており、その結果、知名度の高い雑誌、テレビ等のマスメディアで竹炭・竹酢液が紹介されると爆発的に注文が増え、その後落ち着くというパターンの繰り返しであった。これは量の多寡はあるにしろ、現在もあまり変わりがない。

もし竹炭が多くの方が提唱するような有用な材料であるとしたら、この現状をどのように思うであろうか。竹炭を原料として利用した製品がもっと多く社会に定着しているのではなかろうか。こう考えると、竹炭・竹酢液の現状はかなり厳しいものといわざるを得ない。

産業化を進めるには

いままで多くの企業の商品開発に参加しているが、必ず問題になる課題がある。品質が均一化された竹炭・竹酢液の安定供給という壁である。

生産方法が重要であるが、この問題に対して生産者側の現状は土窯での生産がほとんどであるために、大量生産は難しい。一方、キルン方式などの機械式炭化装置では大量生産は可能であるが、温度の上昇速度など昇温方法に問題が多いために竹炭の組織形状保持が難しく、土窯での生産に比べどうしても品質が劣ってしまう。というのは、組織形状等に左右される機能性の発現が難しいからである。

機械式炭化炉（小浜竹炭生産組合）

残念ながら、従来の土窯だけによる炭化法、並びに機械式炭化装置だけによる炭化法では限界があるように感じる。土窯・機械式の炭化装置ともに一長一短があるが、炭化工程上、自発炭化には組織形状保持のために必要なゆるやかな温度制御が可能な土窯が向いており、その後の精煉工程では、土窯に比べて均一化、大量生産が可能な機械式炭化装置が向いている。品質が均一化された竹炭の安定供給という問題を解決するためには、このように土窯と機械式炭化装置の長所だけを抜き出して合わせた新しい生産方法（炭化技術）、炭化装置（窯）の開発も必要である。

また、竹酢液は原料、炭化法、静置期間の違いや、そのときの気象条件等で異なった条件下での生産のために、同一条件で生産されているようにみえても、類似はしているが同一のものができないという問題点がある。竹酢液の均一化という問題については、特定農薬問題にも関係してくるので後述する。

竹炭・竹酢液の定量化と規格化

必要な機能・効果を得るためには、竹炭の量はどれくらい必要なのか、残念ながらはっきりとした数字が出ていない。

また、ある目的のために機能・効果を期待して竹炭を使用する場合、そのために使用する竹炭はどのようなものを使用すれば一番効果を発揮するのであろうか。たとえば、お茶炭（菊炭）はお茶席の途中で汲み足すという無作法がないように燃え尽きる時間を考慮して製炭されており、一席に必要な量は決まっている。

竹炭が有効とされる各機能、効果に対してこのような判断基準はあるのだろうか。また、判断基準をつくるデータの蓄積があるのだろうか。炭は原料、炭化温度、昇温速度などで品質・性質が左右され、厳密にいえば、異なる方法、生産地で生産された竹炭・竹酢液は違うものとみなさなければならない。

ある目的のために機能・効果を期待して竹炭を使用する場合、生産者にとって安定した品質で信頼できる商品であることを表示して、安定供給できることは最大の喜びであるが、現実は難しいといわざるを得ない。なぜなら、指針となる規格化がされていないからである。

このことについては、数年前から機会があるごとに炭の関係者に呼びかけたが、一部の識者に支持されただけで無視され続けてきた。その理由はいくつかあるのだろうが、当時の研究者の竹炭・竹酢液への取り組み方に偏りがあったことも理由のひとつである。

たとえば成分、比表面積などの部分部分の検証に終始してしまい、使用した場合、効果が確認されるために必要な定量を導きだせないまま、経験則による推測で大雑把に性能評価を行ったために荒唐無稽な解説が飛びかったのである。生産者は効能ばかりを喧伝し、炭ブームとも重なり、竹炭は飛ぶように売れたが、規格化は二の次になった。そのうち資金という壁にも阻まれて規格化への動きは停滞してしまった。

しかし、熱心な一部の研究機関と研究者、生産者の間では地道な努力が続けられ、一昨年の特定農薬の指定問題により、一気に規格化へ加速することになる。

日本竹炭竹酢液生産者協議会の設立

事の発端は、2002年になって無登録農薬の販売が相次いで起きたために、農林水産省が農薬取締法を改正したことで起きた特定農薬（現在の呼び名は特定防除資材）の指定問題であった。

この件に関して、長い歴史を持つ木炭業界は対応が早く、この時点ですでに木炭・木酢液の各関係団体が協力し対応策の研究を始めており、具体的案を携えて農林水産省に陳情を行っていた。

一方、竹炭・竹酢液については蚊帳の外で、また関係筋より竹炭・竹酢液関係者からの動きはまったくないとの指摘を受けて愕然としていた。

このことに危機感を感じた、北は福島から南は鹿児島までの竹炭生産者から相談を持ちかけられ、対応策と規格化を協議することになった。同時に日本竹炭竹酢液生産者協議会を設立し、竹酢液の認証団体としての届出を行うとともに、㈳全国燃料協会など木酢液認証協議会構成6団体への加入を要請し、2003年1月29日の認証協議会で参加加入を承認された。現在は認証協議会の名称が木、竹酢液認証協議会と改められ、木・竹酢液の関係各団体の協力を得て竹炭・竹酢液の規格化に向けて取り組んでいる。

竹炭の規格化、定量化が必要

竹酢液の均一化と特定農薬問題

前述したとおり、竹酢液は諸条件により同一条件で生産されているようにみえても、類似はしているが同一のものができないという問題点がある。生産者としては、特定農薬として認定されることによって安全な製品であることが宣伝され、大量に竹酢液の需要が見込まれることを期待しているが、現状ではこの安全な竹酢液を大量に生産するということが難しいように感じる。

というのは、木酢液もそうであるが、竹酢液は採取温度を間違えると有害な物質が混入するおそれがあるといわれており、そのために認証協議会では採取温度を限定して採取するようにと指導するとともに、その規格づくりを行っている。このため、排煙口から出る煙をすべて竹酢液として採取できるわけでなく、土窯における1回の炭化によって生産される竹酢液の量は、指定温度域での少量採取ということになる。

ほとんどの竹炭生産者が使用している土窯においては、1回の炭化による竹酢液の生産能力は約20ℓから300ℓと差がある。また、竹酢液と呼ばれるためには、ある一定期間の静置が必要になり、良質な安定した製品にするためには3カ月から6カ月、1年と静置期間が必要になってくる。

各生産者によって、1回の炭化ごとに少量生産されるこのような竹酢液を、均一化された安全な竹酢液として大量に安定供給するためには、生産された竹酢液を1カ所に集めてブレンドして静置させるという方法しかないのではなかろうか。このためには、静置方法と生産方式、共同管理方式の協業化、場所の確保、製品のバラツキをなくすため原料の確保、条件設定、静置をするための施設・設備の導入などの問題を解決する必要があり、とくに施設・設備の導入に踏み切らないことには実現しない。これらを零細企業である竹炭生産者が行うことは、非常に厳しいことである。

産業化に向けて必要なこと

竹炭の持っている特性のひとつに、空隙構造の利用がある。これに微生物が住み着き分解能力を発現し、水の浄化などに能力を持つことになる。ただし、この能力を持つには微生物が住み着いて生態系をつくることが条件となるため、このような環境になるまでには年単位の相当な時間が必要になる。では、企業や消費者は、商品化や研究に時間的な余裕とゆとりを与えてくれるのだろうか。

すぐに結果が出ないものを軽視し、研究や開発をあきらめるということではなく、長い視野でとらえることも必要でないだろうか。当然、長期間の研究開発資金が必要であるから、このような資金の援助方法も官側になんとか考えていただきたいものである。

根拠のある竹酢液効果を地道に広げたい

竹炭に対する産の立場は、さまざまな願いと課題を持っている。それに対する官、学それぞれの対応は、残念ながらかみ合わない部分が多いのが現実である。

環境問題や地域産業の活性化および環境と調和する森林整備等に対して炭の利用を目的とした活動が、地方自治体や研究組織で進められている。そのすべてが大きなプロジェクトであり、メンバーは大企業や大学で組織されている。しかしながら、肝心な製炭に関しては、大企業が開発する機械的な炭化技術は、伝統的な在来法による炭化法に頼らざるを得ない一面を持っているのである。

また、産である竹炭生産者も、零細的な規模と資金力、基礎的な知識と情報収集能力が乏しいことなど問題は多くあるが、このようなプロジェクトに参加するためには、たとえば生産者同士が協業化するなど意識改革が必要である。そうすることで生業から産業化への第一歩となるのではなかろうか。

商品開発の現場についてまわる効果や機能の定量化については、前述のとおり依然として特定できないまま推移しているが、実証的な方法で開発に成功している例はいくつもある。経験則に基づいた実証の積み重ねである。モニターをお願いするため、地道で時間と経費のかかる方法ではあるが、確実な方法でもある。この方法は、原料を定量化する生産技術が必要になってくるため、製造業者と生産者の間に原料供給に対する信頼性が必要であり、またこのような経験則での判断も取り入れながら、さらに規格化、定量化を目指したいところである。

視点の変換に期待

竹炭・竹酢液は有望産業の担い手である、と関係者だれもがそう信じ、そのことにロマンを感じながら携わってきたと思う。しかし、現状のままで進歩がなければ非常に厳しいと思わざるを得ない。

産業化のために必要な課題は山ほどあるが、根本的な課題として竹炭・竹酢液の規格化、定量化への取り組みを進める必要がある。それとともに、産、官、学の竹炭・竹酢液への視点の変換と互いの協力が必要と考える。この視点の変換にはさまざまな隘路と障害が考えられるが、乗り切りたい課題である。

現在までに、有用な多くのさまざまな提案があったが、それらはいつしか立ち消えてしまい、このままでは起業化は無論のこと、企業からも無視されるようになってしまう。

竹は有用な原料であり、生まれる炭化物は優れた機能性炭化物であり、その特性と用途に、科学的な検証と展開に必要な、包括的な支援システムの構築が必要である。このような状況の中で、木質炭化学会が発足したことに期待したい。一部の生産者が喧伝しているような、そして無責任な評論家が唱えている夢のような竹炭・竹酢液の話を断ち切り、その機能を再確認するためにも、早急に竹炭・竹酢液に対する取り組み方を見直し、仕切り直しをする必要があると考える。

『炭焼革命～まちづくりと地球環境浄化のために～』杉浦銀治編著、牧野出版
『木炭はよみがえる～各地に広がる新しい土づくり～』杉浦銀治・古谷一剛編著、全国林業改良普及会
『林業百科事典』日本林業技術協会編、丸善
『現代雑木林事典』全国雑木林会議編、百水社
『再生の雑木林から』中川重年著、創森社
『木炭の新用途とその現況』日本木質形成燃料工業協同組合

「治療」1948年30巻354
「林試報告」1952年、1979年
「科学と工業」1994年68号、大阪工研協会
「第24回炭素材料学会年会講演要旨集」1997年
「鹿児島県工業技術センター研究報告第13号」1999年
「竹炭竹酢液」2000年、日本竹炭竹酢液協会
「徳島県立農林水産総合技術センター農業研究所試験研究報告」2002年
「木材学会誌」2003年 vol.49 No. 5 、日本木材学会
「炭化物利用研究会会報」2003年No.2、炭化物利用研究会
「炭の力」vol.1～26、炭文化研究所編、創森社
「別冊現代農業 木酢・竹酢・モミ酢とことん活用読本」2004年4月号、農文協
「Bamboo Voice」1998年No. 4 、竹資源活用フォーラム
「Journal of Health Science」48, 1-7 2002、50, 148-153 2004
「RANSO」211 10-15 2004

T. Asada, S. Ishihara, T. Yamane, A. Toda, A. Yamada, K. Oikawa, Science of Bamboo Charcoal : Study on Carbonizing Temperature of Bamboo Charcoal and Removal Capability of Harmful Gases, Journal of Health Science, 48, 1-7(2002)

T. Iyobe, T. Asada, K. Kawata, K. Oikawa, Comparison of Removal Efficiencies for Ammonia and Amine Gases Between Woody Charcoal and Activated Carbon, Journal Health Sciences, 50, 148-153(2004)

T. Asada, A. Yamada, S. Ishihara, T. Komatu, R. Nishimaki, T. Taira, K. Oikawa, Countermeasure Against Indoor Air Pollution Using Charcoal Board, TANSO, 211, 10-15(2004)

◆監修・執筆者による参考文献集覧（順不同）

『竹炭・竹酢液の利用事典』内村悦三・谷田貝光克・細川健次監修、創森社
『竹の魅力と活用』内村悦三編、創森社
『木材工業ハンドブック』森林総合研究所監修、丸善出版事業部
『炭素（カーボン）用語辞典』炭素材料学会カーボン用語辞典編集委員会編、アグネ社
『簡易炭化法と炭化生産物の新しい利用』谷田貝光克・山家義人・雲林院源治著、林業科学技術振興所
『エコロジー炭やき指南』岸本定吉・杉浦銀治・鶴見武道監修、創森社
『おもしろい活性炭のはなし』立本英機著、日刊工業新聞社
『おもしろい炭のはなし』立本英機著、日刊工業新聞社
『トコトンやさしい炭の本』炭活用研究会編著、立本英機監修、日刊工業新聞社
『炭に生き炭に生かされて』金丸正江著、創森社
『竹炭をやく生かす伸ばす』片田義光著、創森社
『炭やき教本～簡単窯から本格窯まで～』恩方一村逸品研究所編、創森社
『すぐにできるオイル缶炭やき術』溝口秀士著、創森社
『洗剤と洗浄の科学』中西茂子著、コロナ社
『エコロジー炭暮らし術』炭文化研究所編、創森社
『木酢液の不思議』杉浦銀治編著、全国林業改良普及協会
『環境を守る炭と木酢液』炭やきの会編、家の光協会
『炭・木酢液の利用事典』岸本定吉監修、創森社
『木酢液・炭と有機農業』三枝敏郎著、創森社
『つくって楽しむ炭アート』道祖土靖子著、創森社
『世界の炭やき日本の炭やき』杉浦銀治著、牧野出版
『炭・木酢液のすごさがわかる本』岸本定吉監修、中経出版
『三太郎のゆうゆう炭焼塾』炭焼三太郎著、創森社
『健康農業への提言～竹炭と竹酢液の応用～』名高勇一著、竹炭・竹酢液普及会
『「竹」への招待』内村悦三著、研成社
『ものと人間の文化史10　竹』室井綽著、法政大学出版局
『竹笹の話』室井綽著、北隆館
『竹の世界』室井綽著、地人書館
『新・国富論』大前研一著、講談社
『ものと人間の文化史71　木炭』樋口清之著、法政大学出版局
『実地製炭の手ほどき』三浦伊八郎著、日本農林社
『有名木炭とその製法』内田憲著、日本林業技術協会
『岩手木炭』畠山剛著、日本経済評論社
『炭焼きの二十世紀～書置きとしての歴史から未来へ～』畠山剛著、彩流社

◆研究＆生産の関連団体、機関

●日本竹炭竹酢液生産者協議会
〒917-0093　福井県小浜市水取4-10-32
小浜竹炭生産組合内　☎029-293-8004

＊鳥取県竹炭生業振興会
〒680-8063　鳥取県岩美郡国府町奥谷3-332　ドリームプルース406　☎090-5245-6082

(社)全国燃料協会
〒104-0061　東京都中央区銀座8-12-15
☎03-3541-5711

炭やきの会
〒104-0061　東京都中央区銀座8-12-15
全国燃料協会内　☎03-3541-5711

日本木酢液協会
〒153-0064　東京都目黒区下目黒2-12-15
萬栄ビル内　☎03-3492-4819

日本炭窯木酢液協会
〒101-0044　東京都千代田区鍛冶町2-9-17　柴崎ビル3Ｆ　☎03-3258-8123

木質炭化学会
〒113-8657 東京都文京区弥生1-1-1　東京大学大学院農学生命科学研究科・谷田貝研究室　☎03-5841-5246

竹資源活用フォーラム
〒939-8202　富山市西田地方町2-10-43
☎＆FAX 076-492-9275(19：00〜7：30)

日本竹協会
〒181-0015　東京都三鷹市大沢4-13-12
☎0422-31-1216

竹文化振興協会
〒606-8343　京都市左京区岡崎成勝寺町9-1　ミヤコメッセ内　☎075-761-3600

国際炭やき協力会
〒215-0015 東京都羽村市羽中4-2-16-305
☎042-555-9514

炭文化研究所
〒162-0822　東京都新宿区下宮比町2-28-612　創森社内　☎03-5228-2270

いばらき炭の会
〒311-3124　茨城県東茨城郡茨城町中石崎2585-3　☎029-293-8004

林野庁特用林産対策室
〒100-8952 東京都千代田区霞が関1-2-1
☎03-3502-8111(代表)

日本特用林産振興会
〒101-0047　東京都千代田区内神田1-3-5
広栄ビル　☎03-3293-1193

日本竹炭竹酢液協会
〒540-0036　大阪市中央区船越町2-3-8
天満橋ガーデンハイツ704　☎06-6946-1645

(財)林業科学技術振興所
〒102-0072　東京都千代田区飯田橋4-7-11 カクタス飯田橋ビル8Ｆ　☎03-3264-3005

静岡県炭やきの会
〒428-0104　静岡県榛原郡川根町家山30
☎0547-53-2701

全国木炭協会
〒104-0061　東京都中央区銀座8-12-15
全国燃料協会　☎03-3541-5711

日本木炭新用途協議会
〒104-0061　東京都中央区銀座8-12-15
全国燃料協会　☎03-3541-5711

㈲四国テクノ
〒769-0314　香川県仲多度郡仲南町十郷帆山673-7　☎0877-77-2331

㈱弥栄(加藤高志)
〒616-8042　京都市右京区花園伊町26-1　☎075-465-5454

㈱エンバイロシステック
〒272-0021　千葉県市川市八幡3-4-1　アクス本八幡2Ｆ　☎047-322-2521

阿蘇ファームランド 炭ギャラリー
〒869-1404　熊本県阿蘇郡長陽村大字河陽5579-3　☎0967-67-3117

工房炭俵 福竹(金丸正江)
〒421-1201　静岡県静岡市新間2646-4　☎054-277-0083

㈱山岸工業
〒870-0003　大分市生石3-2-2　ヒロセビル103　☎0975-33-2505

㈱ケーシービー
〒520-1501　滋賀県高島郡新旭町388-1　☎0740-25-6300

竹炭ゆうゆう窯
〒621-0124　京都府亀岡市西別院柚原北谷9　☎0771-27-2253

竹善炭生産研究所
〒818-0024　福岡県筑紫野市大字原田1812-1　☎092-920-3366

竹炭くりた
〒252-0804　神奈川県藤沢市湘南台4-11-1　☎0466-45-0115

サクセス・アイ
〒755-0051　山口県宇部市上町2-1-17　☎0836-34-3630

炭焼き屋(溝口秀士)
〒866-0102　熊本県天草郡姫戸町大字二間戸3922-1　☎0969-58-3586

愛林館
〒867-0281　熊本県水俣市久木野1071　☎0966-69-0485

熊本県木竹炭振興会
〒862-0934　熊本県八反田2-14-71　㈲クラッチ内　☎096-388-0457

波呂竹炭
〒819-1626　福岡県糸島郡二丈町大字波呂620-1　☎092-325-3038

高野竹工㈱
〒617-0836　京都府長岡京市勝竜寺東落辺14-15　☎075-955-2868

ミヤシタ
〒675-0311 兵庫県加古川市志方町137-5　☎0794-52-4327

弓ヶ浜竹炭クラブ(森本卓寿)
〒415-0152 静岡県賀茂郡南伊豆町湊896-7　☎0558-62-8080

㈱大木工藝
〒520-2114　滋賀県大津市上田上中野町256　☎077-549-1309

みなみいず たけ炭ひろば
〒415-0301　静岡県賀茂郡南伊豆町一条637-5　☎0558-62-0755

㈲フレスコ
〒791-1101 愛媛県松山市久米窪田町337-1　テクノプラザ愛媛302号　☎089-960-1232

炭成館
〒963-8041　福島県郡山市富田町字池の上57　☎024-952-6908

大学セミナーハウス
〒192-0372 東京都八王子市下柚木1987-1　☎0426-76-8511

㈱伊藤了工務店（伊藤了一）
〒192-0373　東京都八王子市上柚木1616
☎0426-76-9146

㈲箸匠せいわ
〒917-0298　福井県小浜市竜前5-13-1
☎0770-56-0884

㈲FAR EAST（佐々木敏行）
〒357-0041　埼玉県飯能市美杉台4-12-17
☎0429-73-2060

グローブ イーピー㈱（鈴木浩一）
〒963-0201　福島県郡山市大槻町谷地52
☎024-951-3733

高橋哲男
〒191-0052　東京都日野市東豊田4-18-5
☎042-583-5846

高橋 弘
〒206-0025 東京都多摩市永山（当人の都合により番地を紹介しません）
☎042-375-3519

西多摩自然フォーラム
〒198-0046　東京都青梅市日向和田2-3103　☎0428-22-3874

住まいと環境社 （野池政宏）
〒563-0022　大阪府池田市旭丘2-13-27
☎0727-60-3301

ナースバンク㈱（野本百合子）
〒963-8874 福島県郡山市深沢1-8-23 大槻ビル　☎0249-35-7603

㈱ほんやら堂（藤永辰美）
〒370-0001　群馬県高崎市中尾町272-6
☎0273-63-5376

熊五郎
〒516-0109　三重県度会郡南勢町船越字加賀228-9　☎0599-66-1821

竹炭・竹酢液普及会（奈良武則）
〒157-0073　東京都世田谷区砧7-13-12
☎03-3416-6309

㈱熊谷農機
〒959-0012　新潟県西蒲原郡分水町熊ノ森　☎0256-97-3259

欅 和守
〒635-0016　奈良県大和高田市大東町1-17　☎0745-52-8897

京都西山竹炭振興組合（林 義信）
〒617-0823　京都府長岡京市長岡3-25-2
☎075-951-1521

祐乗坊 進
〒206-0034　東京都多摩市鶴牧1-1-14-704 ㈲ゆう環境デザイン計画　☎042-339-9001

マメトラ農機㈱竹炭事業部
〒363-0017　埼玉県桶川市西2-9-37 ☎048-771-1181

恩方一村逸品研究所（尾崎正道）
〒192-0156　東京都八王子市上恩方町2885　醍醐山房

NPO法人 日本エコクラブ
〒192-0156　東京都八王子市子安町1-48-12　☎0426-31-9961

炭道庵（道祖土靖子）
〒150-0011　東京都渋谷区東3-24-14
☎03-5464-0837

㈱強力企画
〒106-0045　東京都港区麻布十番1-7-11 麻布井上ビル5Ｆ　☎03-3423-4447

鶴田活性炭製造組合
〒895-2104　鹿児島県薩摩郡鶴田町柏原4970-1　☎0996-59-8940

上宮天満宮
〒569-1117　大阪府高槻市天神町1-15-5
☎072-682-0025

立花バンブー㈱
〒834-0082　福岡県八女郡立花町大字兼松752-1　☎0943-37-1676

竹炭・竹酢液 インフォメーション

本書内容関連の竹炭・竹酢液の製造、取扱元、関連企業、組織、研究＆生産の関連団体、機関などを掲載。監修・執筆者の紹介によるものや取材、撮影協力先などをリストに加えている。＊印は日本竹炭竹酢液生産者協議会会員。順不同。2004年8月現在。

◆製造・取扱元＆関連企業、組織

＊小浜竹炭生産組合（鳥羽 曙）
〒917-0093　福井県小浜市水取4-10-32
☎0770-53-0277

＊身延竹炭企業組合（片田義光）
〒409-2412　山梨県南巨摩郡身延町角打2635-2　☎0556-62-3611

＊日の丸竹工㈲（蓑輪和憲）
〒899-2501　鹿児島県日置郡伊集院町下谷口387　☎099-272-3413

＊竹炭工芸ひっぽ（目黒忠七）
〒981-2201　宮城県伊具郡丸森町筆甫字平松前57　☎0224-76-2169

＊㈲竹炭工芸都美（吉田敏八）
〒963-4701　福島県田村郡都路村古道字山口103　☎0247-75-3466

＊㈱丸大鉄工（大石誠一）
〒431-3121　静岡県浜松市東区有玉北町1300　☎053-433-1331

＊ガイアシステム㈱（山本 剛）
〒415-0301　静岡県賀茂郡南伊豆町一条637-5　☎0558-62-4797

＊越前竹炭生産組合（北川経夫）
〒912-0042　福井県大野市東中10-31
☎0779-66-1800

＊ジャパン津川（津川俊子）
〒525-0041　滋賀県草津市青地町692-10
☎077-569-4661

＊板垣木炭生産組合（宇野 明）
〒910-2527　福井県今立郡池田町板垣54-2-1　☎0778-44-7048

＊清水町製炭組合（田島真岳）
〒910-3613 福井県丹生郡清水町甑谷6-7
☎0776-98-5112

＊渋川竹炭工房（押方左近）
〒431-2537　静岡県引佐郡引佐町渋川3624　☎053-456-1891

＊池田町木炭生産組合（谷崎喜久雄）
〒910-2514　福井県今立郡池田町学園3-15　☎0778-44-6108

＊宮崎竹炭生産組合（谷野龍夫）
〒916-0255　福井県丹生郡宮崎村江波39-59　☎0778-32-2678

＊眞己人プロジェクト（中代眞己人）
〒871-0049　大分県中津市諸町1856
☎0979-25-0840

＊田辺ファーム竹炭・竹酢液研究所（田辺弘一）
〒298-0228　千葉県夷隅郡大多喜町小谷松624　☎0470-82-2957

＊笹倉竹炭 竹馬の友（甘中 求）
〒675-2443　兵庫県加西市笹倉町817-2
☎0790-44-0033

＊三重竹炭産業（鈴木金一）
〒515-2305 三重県一志郡嬉野町一志771-772　☎0598-42-8009

高橋 弘(たかはし　ひろし)
1942年、北海道生まれ。ヒロ・グリーン代表。炭やき教室講師　＊P.72～

立本英機(たつもと　ひでき)
1942年、広島県生まれ。千葉大学工学部教授　＊P.128～

鳥羽 曙(とば　あけみ)
1929年、福井県生まれ。小浜竹炭生産組合組合長。日本竹炭竹酢液生産者協議会会長　＊P.3～、44～、49～、55～、57～、62～、98～、133～、138～、224～

名高勇一(なだか　ゆういち)
1935年、神奈川県生まれ。園芸・盆栽教室講師　＊P.151～、156～、160～、163～、166～

野池政宏(のいけ　まさひろ)
1960年、三重県生まれ。住まいと環境社代表。岐阜県立森林文化アカデミー非常勤講師　＊P.168～

野本百合子(のもと　ゆりこ)
福島県生まれ。ナースバンク㈱代表取締役社長　＊P.184～、215～

広若 剛士(ひろわか　つよし)
1964年、宮崎県生まれ。国際炭やき協力会事務局長。ディアンタマを支える会　＊P.80～

藤永辰美(ふじなが　たつみ)
1957年、広島県生まれ。㈱ほんやら堂代表取締役　＊P.207～

細川健次(ほそかわ　けんじ)
1933年、京都府生まれ。竹資源活用フォーラム幹事　＊P.180～

溝口秀士(みぞぐち　ひでし)
1956年、熊本県生まれ。炭焼き屋主宰。環太平洋浄化300年計画代表　＊P.78～

蓑輪暉永(みのわ　てるひさ)
1938年、鹿児島県生まれ。日の丸竹工㈲代表取締役　＊P.97～

目黒忠七(めぐろ　ちゅうしち)
1952年、宮城県生まれ。竹炭工房ひっぽ代表　＊P.196～

森 嘉和(もり　よしかず)
1937年、岐阜県生まれ。宗教法人上宮天満宮代表役員　＊P.177～

谷田貝光克(やたがい　みつよし)
1943年、栃木県生まれ。東京大学大学院農学生命科学研究科教授。木質炭化学会会長　＊P.39～、116～、119～、123～、142～

山井宗秀(やまのい　そうしゅう)
1939年、福島県生まれ。いばらき炭の会会長　＊P.22～

山本 剛(やまもと　ごう)
1940年、静岡県生まれ。ガイアシステム㈱代表取締役。みなみいず たけ炭ひろば主宰　＊P.90～、198～

吉田敏八(よしだ　としはち)
1958年、福島県生まれ。㈲竹炭工房都美代表取締役　＊P.201～

監修・執筆者紹介＆執筆分担一覧

50音順掲載。敬称略。主な所属・役職名は2004年8月現在。＊印の数字は執筆ページの初出を示す。執筆者は各項目脇に明記。無記名の項目は編集部、およびライターが取材・執筆したもの。日本竹炭竹酢液生産者協議会の役職名は顧問、会長、副会長のみ記述。

石丸 優（いしまる　ゆたか）
1944年、京都府生まれ。京都府立大学大学院農学研究科教授　＊P.34〜

伊藤 了一（いとう　りょういち）
1950年、東京都生まれ。㈲伊藤了工務店代表取締役　＊P.93〜

及川紀久雄（おいかわ　きくお）
1940年、岩手県生まれ。新潟薬科大学応用生命科学部環境安全科学研究室教授。日本竹炭竹酢液生産者協議会顧問　＊P.29〜

大石誠一（おおいし　せいいち）
1951年、静岡県生まれ。丸大鉄工㈱代表取締役　＊P.110〜

片田義光（かただ　よしみつ）
1926年、山梨県生まれ。身延竹炭企業組合理事長。日本竹炭竹酢液生産者協議会副会長　＊P.205〜

木越祥和（きごし　よしかず）
1946年、福井県生まれ。㈲箸匠せいわ専務取締役店長　＊P.212〜

木村志郎（きむら　しろう）
1941年、愛知県生まれ。名古屋大学大学院名誉教授。日本竹炭竹酢液生産者協議会顧問　＊P.220〜

佐々木敏行（ささき　としゆき）
1965年、北海道生まれ。㈲FAR EAST代表取締役　＊P.174〜

杉浦銀治（すぎうら　ぎんじ）
1925年、愛知県生まれ。炭やきの会副会長。国際炭やき協力会会長　＊P.106〜、148〜

鈴木浩市（すずき　こういち）
1943年、福島県生まれ。グローブイーピー㈱代表取締役　＊P.187〜

高石喜久（たかいし　よしひさ）
1947年、徳島県生まれ。徳島大学薬学部教授。日本竹炭竹酢液生産者協議会顧問　＊P.190〜

高橋哲男（たかはし　てつお）
1930年、東京都生まれ。西多摩自然フォーラム会員。炭やき教室講師　＊P.66〜

◆日本竹炭竹酢液生産者協議会MEMO◆

竹炭・竹酢液に関する研究開発を推進し、有効利用をめざし、普及させることを目的として2003年11月に発足。材料、製造、製品段階ごとの竹炭の規格化を検討・提案したり、木・竹酢液の認証団体に加入し、農薬取締法の一部改正に伴う特定防除資材への指定問題に取り組んだりしている。会員は生産者、および竹炭・竹酢液関連団体、組織。年会費（平成16年度現在）は個人会員が5000円、法人会員が10000円。竹炭・竹酢液の価値と可能性を追究し普及するため、公開の講演会、研究発表会、展示会、見学会などを企画したり、会誌を発行したりする計画を組んでいる。

日本竹炭竹酢液生産者協議会（連絡先）

〒409-2412 山梨県南巨摩郡身延町角打2635-2
TEL 0556-62-3611／FAX 0556-62-3612

●

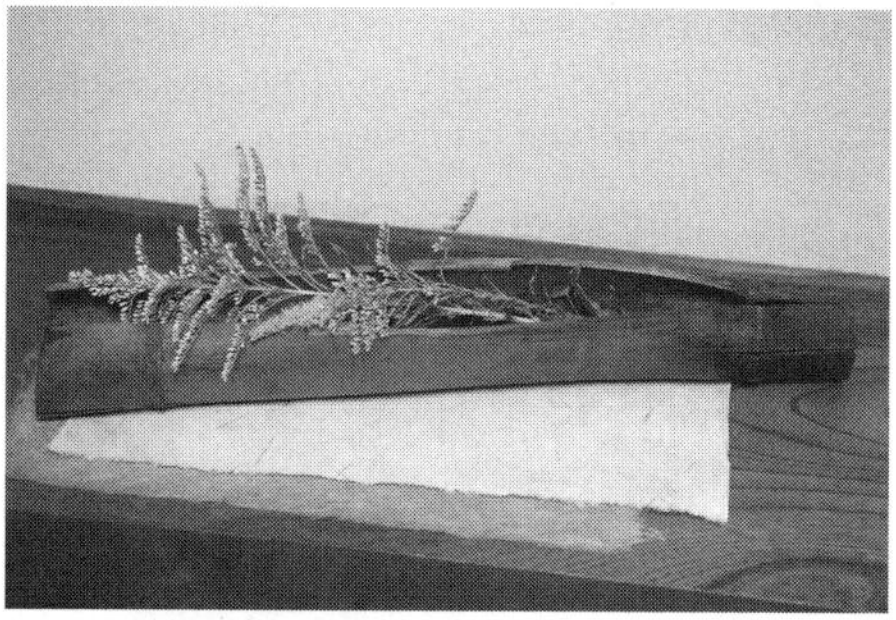

竹炭の花器を床の間に置く（炭道庵）

監修者プロフィール（50音順）

●杉浦銀治（すぎうら　ぎんじ）

1925年、愛知県生まれ。炭やきの会副会長。三河炭やき塾顧問。国際炭やき協力会会長

●鳥羽 曙（とば　あけみ）

1929年、福井県生まれ。小浜竹炭生産組合組合長。福井炭やきの会会長。日本竹炭竹酢液生産者協議会名誉会長

●谷田貝光克（やたがい　みつよし）

1943年、栃木県生まれ。東京大学名誉教授。秋田県立大学木材高度加工研究所所長・教授。木質炭化学会会長、炭やきの会会長

竹炭《ちくたん》·竹酢液《ちくさくえき》 つくり方《かた》生《い》かし方《かた》

2004年10月７日　第１刷発行
2010年５月24日　第２刷発行

監 修 者——杉浦銀治《すぎうらぎんじ》 鳥羽《とば》 曙《あけみ》 谷田貝光克《やたがいみつよし》

発 行 者——相場博也

発 行 所——株式会社 創森社
〒162-0805 東京都新宿区矢来町96-4
TEL 03-5228-2270　FAX 03-5228-2410
http://www.soshinsha-pub.com
振替 00160-7-770406

組　　版——有限会社 天龍社

印刷製本——モリモト印刷株式会社

 ISBN978-4-88340-183-3 C0061